环保公益性行业科研专项经费项目系列丛书

生命的乐土
自然保护区知识300问

王　智　主编

科学出版社
北　京

内 容 简 介

本书通过问答的形式，介绍自然保护区相关概念、知识、理念和方法。书中包含了自然保护区基础知识、自然保护区建设管理知识以及一些与自然保护区相关的其他知识、名录和行政法规。

本书主要以自然保护区管理人员，各类高等院校中小学及职业技术学校教师和学生，教育科研工作者等为对象，旨在为其提供一本自然保护区相关知识的参考书。

图书在版编目（CIP）数据

生命的乐土：自然保护区知识300问/王智主编. —北京：科学出版社，2018.10

（环保公益性行业科研专项经费项目系列丛书）

ISBN 978-7-03-059091-6

Ⅰ. ①生… Ⅱ. ①王… Ⅲ. ①自然保护区－问题解答 Ⅳ. ①S759.9-44

中国版本图书馆CIP数据核字（2018）第232436号

责任编辑：王腾飞/责任校对：彭 涛

责任印制：张 伟/封面设计：许 瑞

科 学 出 版 社出版

北京东黄城根北街16号

邮政编码：100717

http://www.sciencep.com

北京凌奇印刷有限责任公司印刷

科学出版社发行 各地新华书店经销

*

2018年10月第 一 版 开本：890×1240 1/32

2019年 6 月第二次印刷 印张：5 1/4

字数：110 000

定价：49.00元

（如有印装质量问题，我社负责调换）

环保公益性行业科研专项经费项目系列丛书

编著委员会

《生命的乐土：自然保护区知识 300 问》
编写委员会

主　　编： 王　智

编写人员： 许佳宁　范鲁宁　徐网谷　张建亮

序　言

目前，全球性和区域性环境问题不断加剧，已经成为限制各国经济社会发展的主要因素，解决环境问题的需求十分迫切。环境问题也是我国经济社会发展面临的困难之一，特别是在我国快速工业化、城镇化进程中，这个问题变得更加突出。党中央、国务院高度重视环境保护工作，积极推动我国生态文明建设进程。党的十八大以来，按照“五位一体”总体布局、“四个全面”战略布局以及“五大发展”理念，党中央、国务院把生态文明建设和环境保护摆在更加重要的战略地位，先后出台了《环境保护法》《关于加快推进生态文明建设的意见》《生态文明体制改革总体方案》《大气污染防治行动计划》《水污染防治行动计划》《土壤污染防治行动计划》等一批法律法规和政策文件，我国环境治理力度前所未有，环境保护工作和生态文明建设的进程明显加快，环境质量有所改善。

在党中央、国务院的坚强领导下，环境问题全社会共治的局面正在逐步形成，环境管理正在走向系统化、科学化、法治化、精细化和信息化。科技是解决环境问题的利器，科技创新和科技进步是提升环境管理系统化、科学化、法治化、精细化和信息化的基础，必须加快建立持续改善环境质量的科技支撑体系，加快建立科学有效防控人群健康和环境风险的科技基础体系，建立开拓进取、充满活力的环保科技创新体系。

“十一五”以来，中央财政加大对环保科技的投入，先后启动实施水体污染控制与治理科技重大专项、清洁空气研究计划、蓝天科技工程专项等专项，同时设立了环保公益性行业科研专项。根据财政部、科技部的总体部署，环保公益性行业科研专项紧密围绕《国家中长期科学和技术发展规划纲要（2006—2020 年）》《国家创新驱动发展战略纲要》《国家科技创新规划》和《国家环境保护科技发展规划》，立足环境管理中的科技需求，积极开展应急性、培育性、基础性科学研究。“十一五”以来，环境保护部组织实施了公益性行业科研专项项目 479 项，涉及大气、水、生态、土壤、固废、化学品、核与辐射等领域，共有包括中央级科研院所、高等院校、地方环保科研单位和企业等几百家单位参与，逐步形成了优势互补、团结协作、良性竞争、共同发展的环保科技“统一战线”。目前，专项取得了重要研究成果，已验收的项目中，共提交各类标准、技术规范 997 项，各类政策建议与咨询报告 535 项，授权专利 519 项，出版专著 300 余部，专项研究成果在各级环保部门中得到较好的应用，为解决我国环境问题和提升环境管理水平提供了重要的科技支撑。

为广泛共享环保公益性行业科研专项项目研究成果，及时总结项目组织管理经验，环境保护部科技标准司组织出版环保公益性行业科研专项经费系列丛书。该丛书汇集了一批专项研究的代表性成果，具有较强的学术性和实用性，是环境领域不可多得的资料文献。丛书的组织出版，在科技管理上也是一次很好的尝试，我们希望通过这一尝试，能够进一步活跃环保科技的学术氛围，促进科技成果的转化与应用，不断提高环境治理能力现代化水平，为持续改善我国环境质量提供强有力的科技支撑。

中华人民共和国环境保护部副部长

黄润秋

前　言

自然保护区是人类为保护生态环境和自然资源，应对生态破坏挑战的一大创举，是人类进步文明的象征。同时，自然保护区也是国家生态安全体系的重要组成部分和经济社会可持续发展的重要基础。建设和管理好自然保护区，对于维护生态平衡，改善生态环境，实现人与自然和谐，促进经济社会可持续发展具有十分重要的意义。

作为一项新兴事业，公众对自然保护区的价值和重要性还缺乏足够认识，加上自然保护区宣传教育工作明显滞后于经济发展和资源保护形势的要求，相关法律法规还尚未在公众之中形成良好的舆论氛围和约束力，导致自然保护区内不合法的开发建设活动屡禁不止，环境污染时有发生，自然栖息地遭到破坏，生态服务功能和效益受到影响，生物多样性保护面临严重威胁。

我国政府十分重视自然保护区的建设工作，一大批珍贵稀有濒危物种得到有效保护。通过政府及相关单位部门和民间组织等的不懈努力，全社会范围正逐渐形成保护自然保护区的理念，但是绝大多数人对自然保护区的认识还仅仅停留在表面，对自然保护区相关知识的了解并不全面。自然保护区的有效保护与管理，需要社会公众的积极参与，公众参与则需要正确认识自然保护区、了解自然保护区。

鉴于此，为进一步提高公众对自然保护区价值和重要性的认识，在充分收集并查阅相关文献资料的基础上，经过反复修改，整理了这本自然保护区相关的科普图书，作为一本面向大众的科普读物，为全面普及自然保护区相关知识、促进自然保护区保护与管理等工作的全面展开奠定基础。

本书通过一问一答的形式，重点论述了自然保护区相关概念、知识、理念和方法。书中包含了自然保护区相关的基本概念、基础知识、自然保护区建设管理知识以及一些与自然保护区相关的其他知识、名录和行政法规。

本书力求通过通俗易懂的文字向社会公众介绍自然保护区等相关概念、理念和科学知识，并期望以此为提高公众保护意识、促进其主动参与自然保护事业贡献绵薄之力。

最后，对参与本书编写和修改的全体人员以及为本书提出修改建议的专家表示衷心的感谢。本书得到环保公益性行业科研专项“自然保护区动态监管关键技术研究与示范”（201509042）和生态环境部“自然保护区监督管理支撑”项目资助。由于时间仓促，且作者水平有限，本书难免有错误和不足之处，敬请批评指正！

目　　录

序言

前言

第1篇　自然保护区基础知识

第1章　基本理论……3

1.1　什么是自然保护区……3
1.2　建立自然保护区的目标是什么……3
1.3　建立自然保护区有什么意义……3
1.4　自然保护区的任务是什么……4
1.5　自然保护区的性质是什么……4
1.6　什么是自然保护区适宜面积……4
1.7　什么是自然保护区最小面积……4
1.8　什么是保护对象……5
1.9　气候变化如何影响自然保护区……5
1.10　什么是生物圈保护区……5
1.11　生物圈保护区的空间结构是怎样的……6
1.12　生物圈保护区的功能有哪些……7
1.13　什么是自然保护区网络……7
1.14　什么是自然保护区群……7

1.15 什么是自然保护区体系 …… 8
1.16 什么是跨界保护区 …… 8
1.17 什么是保护成效 …… 8
1.18 什么是保护空缺分析 …… 8
1.19 什么是自然保护区学 …… 9
1.20 什么是湖泊 …… 9
1.21 什么是化石 …… 9
第 2 章 自然保护区分区 …… 10
2.1 什么是自然保护区功能区划 …… 10
2.2 什么是核心区 …… 10
2.3 什么是缓冲区 …… 10
2.4 什么是实验区 …… 11
2.5 自然保护区功能区划是如何划分的 …… 11
第 3 章 自然保护区分级分类 …… 12
3.1 我国自然保护区是如何分级的 …… 12
3.2 什么是国家级自然保护区 …… 13
3.3 什么是省（自治区、直辖市）级自然保护区 …… 13
3.4 什么是市（自治州）级和县（自治县、旗、县级市）级自然保护区 …… 13
3.5 什么是自然保护区类型 …… 13
3.6 我国的自然保护区是怎么分类的 …… 14
3.7 什么是自然生态系统类自然保护区 …… 14
3.8 什么是森林生态系统类型自然保护区 …… 14

3.9　什么是草原与草甸生态系统类型自然保护区 ………… 15
3.10　什么是荒漠生态系统类型自然保护区 …………………… 15
3.11　什么是内陆湿地和水域生态系统类型自然保护区 …… 15
3.12　什么是海洋和海岸生态系统类型自然保护区 ………… 15
3.13　什么是野生生物类自然保护区 ……………………………… 16
3.14　什么是野生动物类型自然保护区 …………………………… 16
3.15　什么是野生植物类型自然保护区 …………………………… 16
3.16　什么是自然遗迹类自然保护区 ……………………………… 16
3.17　什么是地质遗迹类型自然保护区 …………………………… 17
3.18　什么是古生物遗迹类型自然保护区 ………………………… 17
3.19　国家级自然生态系统类自然保护区必须具备哪些条件 …………………………………………………………… 17
3.20　国家级野生生物类自然保护区必须具备哪些条件 …… 18
3.21　国家级自然遗迹类自然保护区必须具备哪些条件 …… 18
3.22　省级自然生态系统类自然保护区必须具备哪些条件 …… 18
3.23　省级野生生物类自然保护区必须具备哪些条件 …… 19
3.24　省级自然遗迹类自然保护区必须具备哪些条件 …… 20
3.25　市、县级自然生态系统类自然保护区必须具备哪些条件 …………………………………………………………… 20
3.26　市、县级野生生物类自然保护区必须具备哪些条件 ‥ 21
3.27　市、县级自然遗迹类自然保护区必须具备哪些条件 ‥ 21
3.28　什么是海洋自然保护区 ………………………………………… 21
3.29　建立海洋自然保护区需要符合哪些条件 ……………… 22

第 4 章　自然保护区建设状况……23
4.1　我国最早建立的自然保护区是哪个……23
4.2　我国共建有多少处自然保护区……23
4.3　我国有多少个国家级自然保护区……24
4.4　我国自然保护区的省域分布情况如何……24
4.5　从面积来看，我国自然保护区分布现状如何……24
4.6　我国自然保护区数量最多的省份是哪个……25
4.7　世界生物圈保护区网络有哪些中国成员……25
4.8　我国面积最大的和最小的自然保护区分别是哪个……27
4.9　我国面积最大的湿地类型国家级保护区是哪个……27
4.10　我国最大的胡杨林保护区是哪个……28
4.11　我国第一个草原与草甸生态系统类型国家级自然保护区是哪个……28
4.12　我国第一个海洋和海岸生态系统类型国家级自然保护区是哪个……29
4.13　我国第一个荒漠生态系统类型国家级自然保护区是哪个……29
4.14　我国第一个湿地生态系统类型国家级自然保护区是哪个……30
4.15　我国第一个地质遗迹类型国家级自然保护区是哪个……31
第 5 章　国际保护区状况……32
5.1　世界上海拔最高的自然保护区是哪个……32

5.2　世界上最大的湿地是哪个 …… 33
5.3　世界上最大的野生动物保护区是哪个 …… 33
5.4　世界上面积最大的海洋保护区是哪个 …… 34
5.5　欧盟的 Natura 2000 自然保护区网络是个什么样的网络 …… 35

第 2 篇　自然保护区建设管理知识

第 6 章　自然保护区划建 …… 39
6.1　保护区的选建有什么条件 …… 39
6.2　自然保护区的建立步骤有哪些 …… 40
6.3　自然保护区范围和界线如何确立 …… 40
6.4　保护区边界划定的方法有哪些 …… 41
6.5　自然保护区该如何命名 …… 41
6.6　如何申报国家级自然保护区 …… 42
6.7　申报国家级自然保护区要提交哪些材料 …… 42
6.8　国家级自然保护区的审批程序是什么 …… 43
6.9　如何调整或撤销自然保护区 …… 43
6.10　哪种情况下国家级自然保护区可以申请调整 …… 43
6.11　调整国家级自然保护区的申报材料有哪些 …… 44
第 7 章　自然保护区设施建设 …… 45
7.1　保护区管理局（处）址的选择有什么条件 …… 45
7.2　什么是自然保护区设施 …… 45
7.3　什么是自然保护区标识 …… 46

7.4　什么是自然保护区解说系统……46
7.5　自然保护区内的道路有哪些……46
7.6　自然保护区管护基础设施包括哪些……46
7.7　自然保护区内道路设计应遵循什么原则……47
7.8　什么是自然保护区管理信息化建设……47
第8章　自然保护措施……49
8.1　什么是就地保护……49
8.2　什么是近地保护……49
8.3　什么是迁地保护……49
8.4　什么是迁移……50
8.5　什么是地理隔离……50
8.6　什么是生物廊道……50
8.7　什么是野生动物通道……50
8.8　什么是生物多样性监测……51
8.9　什么是固定样地……51
8.10　什么是固定样线……51
8.11　什么是驯化……51
8.12　什么是引入……51
8.13　什么是再引入……52
8.14　什么是环志……52
8.15　什么是栖息地选择……52
8.16　什么是生境管理……52
8.17　什么是生境恢复……52

8.18　什么是生境破碎化 …… 53
8.19　什么是庇护所 …… 53
8.20　什么是避难所 …… 53
第 9 章　自然保护区管理 …… 54
9.1　国家如何管理自然保护区 …… 54
9.2　自然保护区不同功能区的管理要求有哪些 …… 54
9.3　哪些行为在自然保护区内是禁止的 …… 55
9.4　自然保护区应由何人管理 …… 56
9.5　什么是自然保护区总体规划 …… 57
9.6　什么是自然保护区管理计划 …… 57
9.7　什么是自然保护区管理有效性评估 …… 58
9.8　自然保护区管理机构的主要职责有哪些 …… 58
9.9　自然保护区管理的指导思想是什么 …… 59
9.10　自然保护区建设管理的经费来源有哪些 …… 59
9.11　什么是自然保护区的社区 …… 59
9.12　什么是社区共管 …… 60
9.13　什么是自然保护区共管委员会 …… 60
9.14　什么是生态安全 …… 60
9.15　什么是生态补偿 …… 60
9.16　什么是环境承载力 …… 60
9.17　什么是环境监测 …… 61
9.18　什么是环境容量 …… 61
9.19　什么是环境影响评价 …… 61

9.20 海洋自然保护区管理机构主要职责有哪些 ………… 61
9.21 在海洋自然保护区内哪些行为是被禁止的 ………… 62
9.22 外国人进入自然保护区需要经过哪些手续 ………… 62
9.23 什么是土地利用图 ………… 63
9.24 什么是土地类型，我国土地类型有哪几类 ………… 63
9.25 什么是退耕还林 ………… 63
9.26 什么是退耕还湿 ………… 64
9.27 什么是退牧还草 ………… 64

第 3 篇　自然保护区相关知识

第 10 章　生态学相关知识 ………… 67
10.1 什么是自然环境 ………… 67
10.2 什么是自然资源 ………… 67
10.3 什么是自然景观 ………… 67
10.4 什么是自然保护 ………… 68
10.5 什么是生物圈 ………… 68
10.6 什么是自然本底 ………… 68
10.7 什么是生态系统 ………… 69
10.8 生态系统的结构是怎样的 ………… 69
10.9 生态系统是如何实现物质循环的 ………… 71
10.10 什么是生态系统的能量流 ………… 72
10.11 什么是生态平衡 ………… 73
10.12 什么是生态系统管理 ………… 74

10.13 什么是生态系统健康…… 75
10.14 什么是生态系统完整性…… 75
10.15 什么是生态系统稳定性…… 75
10.16 什么是生态系统恢复…… 75
10.17 什么是生态效益…… 75
10.18 什么是生态影响评价…… 76
10.19 什么是生态系统多样性…… 76
10.20 什么是生态旅游…… 76
10.21 什么是生态旅游规划…… 76
10.22 什么是生态旅游资源…… 76
10.23 什么是物理防治…… 77
10.24 什么是食物链…… 77
10.25 什么是食物网…… 78
10.26 什么是可持续利用…… 78
10.27 什么是河口生态系统…… 78
10.28 什么是旅游资源…… 79
10.29 什么是人文旅游资源…… 79
10.30 什么是生物气候带…… 79
10.31 什么是生物地理界/生物地理区…… 79
10.32 什么是生物地理省…… 80
10.33 什么是可更新资源…… 80
10.34 什么是天然林…… 80
10.35 什么是原生林…… 80

10.36 什么是人工林 …… 80
第11章 生物学相关知识 …… 81
11.1 什么是生物资源 …… 81
11.2 什么是动物地理界 …… 81
11.3 什么是动物区系 …… 81
11.4 什么是非地带性植被 …… 82
11.5 什么是浮游生物 …… 82
11.6 什么是高等植物 …… 82
11.7 什么是红树林 …… 82
11.8 什么是候鸟 …… 83
11.9 什么是留鸟 …… 83
11.10 什么是旅鸟 …… 83
11.11 什么是迷鸟 …… 83
11.12 什么是漂鸟 …… 84
11.13 什么是洄游 …… 84
11.14 什么是迁徙 …… 84
11.15 什么是海洋生物 …… 84
11.16 什么是中生植物 …… 84
11.17 什么是旱生植物 …… 85
11.18 什么是盐生植物 …… 85
11.19 什么是药用生物 …… 85
11.20 什么是湿地植被 …… 85
11.21 什么是湿生植物 …… 85

11.22　什么是水生植物……86
11.23　什么是维管束植物……86
11.24　什么是苔藓植物……86
11.25　什么是两栖植物……86
11.26　什么是模式标本……86
11.27　什么是潜在分布区……87
11.28　什么是生物安全……87
11.29　什么是生物入侵……87
11.30　何谓转基因生物……87
11.31　什么是外来物种……88
第12章　物种相关知识……89
12.1　什么是物种……89
12.2　什么是亚种……89
12.3　什么是物种多样性……89
12.4　什么是物种丰富度……89
12.5　什么是本地种……90
12.6　什么是归化种……90
12.7　什么是栖息地……90
12.8　什么是种群……90
12.9　什么是亚种群……91
12.10　什么是种群动态……91
12.11　什么是种群结构……91
12.12　什么是种群空间格局……91

12.13 什么是集合种群 …… 91
12.14 什么是种群生存力分析 …… 92
12.15 什么是群落 …… 92
12.16 什么是关键种 …… 92
12.17 什么是伴生种 …… 92
12.18 什么是优势种 …… 92
12.19 什么是旗舰种 …… 93
12.20 什么是伞护种 …… 93
12.21 什么是特有种 …… 93
12.22 什么是特征种 …… 93
12.23 什么是指示生物 …… 94
12.24 什么是最小可存活种群 …… 94
12.25 什么是极小种群 …… 94
12.26 什么是种质资源 …… 94
12.27 什么是种质资源库 …… 95
第13章 植被相关知识 …… 96
13.1 什么是植被 …… 96
13.2 什么是植被地带 …… 96
13.3 什么是植被分类系统 …… 96
13.4 什么是植被区 …… 97
13.5 什么是植被图 …… 97
13.6 什么是植被型 …… 97
13.7 什么是植被型组 …… 97

13.8　什么是植被亚型 …… 98
13.9　什么是植物区 …… 98
13.10　什么是植物区系 …… 98
13.11　什么是群系 …… 98
13.12　什么是亚群系 …… 99
13.13　什么是群系组 …… 99
13.14　什么是群从 …… 99
13.15　什么是群从组 …… 100
13.16　什么是亚群从 …… 100
第 14 章　珍稀濒危物种相关知识 …… 101
14.1　什么是保护物种 …… 101
14.2　什么是国家重点保护物种 …… 101
14.3　什么是国家一级重点保护植物 …… 101
14.4　什么是国家二级重点保护植物 …… 102
14.5　什么是国家一级重点保护动物 …… 102
14.6　什么是国家二级重点保护动物 …… 103
14.7　什么是省级重点保护物种 …… 103
14.8　世界自然保护联盟（IUCN）濒危物种红色名录是什么 …… 103
14.9　《中国物种红色名录》是什么 …… 104
14.10　什么是“三有”动物 …… 104
第 15 章　生物多样性相关知识 …… 105
15.1　什么是生物多样性 …… 105

15.2　中国的生物多样性概况如何 ……106
15.3　《生物多样性公约》是如何产生的 ……107
15.4　《生物多样性公约》的目标是什么 ……107
15.5　什么是生物多样性保护区域 ……107
15.6　什么是生物多样性关键（热点）地区 ……108
15.7　生物多样性的价值有哪些 ……108
15.8　什么是生物多样性经济价值 ……109
第16章　自然保护地相关知识 ……110
16.1　什么是自然保护地 ……110
16.2　自然保护地分为哪几个类型 ……110
16.3　我国自然保护地的建设现状如何 ……114
16.4　自然保护地最佳管理绿色名录是什么 ……114
16.5　什么是世界遗产 ……115
16.6　什么是世界文化遗产和世界自然遗产 ……115
16.7　中国共有多少处世界遗产 ……116
16.8　我国世界遗产的地域分布 ……117
16.9　什么是世界文化和自然遗产地 ……117
16.10　什么是国家公园 ……117
16.11　世界上第一个国家公园是什么 ……117
16.12　目前我国设立的国家公园试点有哪几个 ……118
16.13　什么是风景名胜区 ……119
16.14　我国的风景名胜区包括哪些类型 ……119
16.15　我国风景名胜区建设现状如何 ……119

16.16　什么是森林公园……120
16.17　我国森林公园划分为哪些级别……120
16.18　我国第一处森林公园是哪个……120
16.19　我国共建立了多少处森林公园……121
16.20　什么是海岸带……121
16.21　什么是海洋特别保护区……121
16.22　我国已建的国家级海洋特别保护区有多少……121
16.23　什么是海洋公园……122
16.24　什么是湿地……122
16.25　什么是国际重要湿地……122
16.26　什么是湿地公园……123
16.27　目前我国共有多少处湿地公园……123
16.28　什么是自然遗迹……123
16.29　什么是古生物遗迹……123
16.30　什么是地质公园……124
16.31　地质公园可分为哪几类……124
16.32　我国共有多少处地质公园……124
16.33　什么是水产种质资源保护区……124
16.34　什么是农用种质资源原位保护点……125
16.35　什么是自然保护小区……125
16.36　什么是自然保护点……125
附表　全国自然保护区统计表（截至 2017 年底）……126
附录　《中华人民共和国自然保护区条例》（2017 年修订）……129

第1篇

自然保护区基础知识

第1章 基本理论

1.1 什么是自然保护区

自然保护区是指对有代表性的自然生态系统、珍稀濒危野生动植物物种的天然集中分布区、有特殊意义的自然遗迹等保护对象所在的陆地、陆地水体或者海域，依法划出一定面积予以特殊保护和管理的区域。

1.2 建立自然保护区的目标是什么

建立自然保护区的目标是保护自然生态环境和生物多样性，保证生物遗传资源、生态系统服务功能和景观资源能够得到可持续利用，为科学研究、科普宣传、生态旅游等提供基地，促进经济可持续发展和社会文明进步。

1.3 建立自然保护区有什么意义

建立自然保护区的意义包括：①保存自然本底；②贮备

物种；③开辟科研、教育基地；④保留自然界的美学价值。

1.4　自然保护区的任务是什么

自然保护区的任务是保护自然资源，为可持续发展提供条件，提高全民的生态意识，使其成为科教兴国的阵地。

1.5　自然保护区的性质是什么

自然保护区是人类认识、利用和改造自然的科学研究基地；是自然保护事业中的一项重要建设，是保护、发展和研究野生生物资源及自然历史遗产的主要场所；也是自然生态系统和生物种源的储存地（基因库）。

1.6　什么是自然保护区适宜面积

为维持主要保护对象的长期存在，在考虑其分布和社会经济发展的前提下对自然保护区进行合理布局，依此建立的自然保护区所应具有的面积。

1.7　什么是自然保护区最小面积

为维持自然生态系统的长期稳定性、野生动植物的最小可存活种群，依此建立的自然保护区所应具有的最小面积。

1.8 什么是保护对象

保护对象是自然保护区范围内依据国家、地方有关法律法规需要采取措施加以保护、严禁破坏的自然环境、自然资源与自然景观的总称。

1.9 气候变化如何影响自然保护区

气候变化导致一些物种在保护区内消失（甚至灭绝），或者离开保护区，迁徙到保护区外的栖息地。保护区内物种多样性的减少加重了保护区物种保护的任务，而物种为寻找新的适宜的栖息地而不断迁徙，则不利于保护区对这些物种的控制和保护。气候变化引起的物种多样性分布格局的改变也影响了原有的自然保护区网络功能的发挥，使得原有的自然保护区无论从数量、规模还是功能设计上都需要进行相应调整。

1.10 什么是生物圈保护区

生物圈保护区是一种新型的自然保护区，是根据《世界生物圈保护区网络章程框架》设立，在联合国教科文组织“人与生物圈计划”范围内得到国际承认的地区。生物圈保护区将传统的绝对保护过渡到开放式、多功能的积极保护。

1.11 生物圈保护区的空间结构是怎样的

每个生物圈保护区在空间结构上由核心区、缓冲区和过渡区三部分组成（图 1.1）。核心区是指自然景观、生态系统和重要物种所在的区域，强调生物物种保护。缓冲区的作用是减少人类活动等外界因素对核心区的影响。开展实用研究，开发小型的项目，如蔬菜种植、水产业、林业开发和旅游等。过渡区外围是居民和耕地。

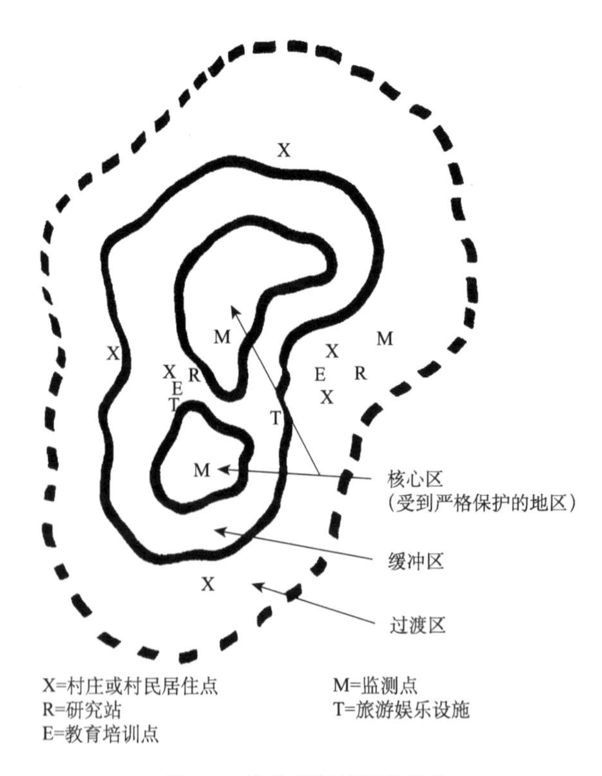

图 1.1 生物圈保护区的结构

1.12 生物圈保护区的功能有哪些

（1）保护功能。保护遗传资源、物种、生态系统和景观。

（2）支持功能。支持和鼓励结合地区、国家和世界性保持与可持续发展活动，开展有关研究、监测、环境教育和培训活动。

（3）发展功能。促进可持续的经济和人类的发展。

1.13 什么是自然保护区网络

在一个区域内，为了全面、系统、有效地保护生物多样性而规划和建设的自然保护区体系。

1.14 什么是自然保护区群

通过自然保护小区和生物廊道的规划建设，将邻近的自然保护区之间联系起来，形成自然保护区群网络。通过建立自然保护区群网，可以促进生物多样性的迁徙与传播，扩大保护对象的活动空间和生境范围，为恢复大片的稳定自然生态系统创造条件，从而很好地保护重要的自然生态系统，极大地改善生态与环境质量。

1.15　什么是自然保护区体系

在一个区域内，为了全面、系统、有效地保护生物多样性而规划和建设的自然保护区系统。一般由自然保护区和生物廊道构成。

1.16　什么是跨界保护区

为了保护完整的自然生态系统、野生动植物生境，开展有效的合作管理，相邻的国家和地区通过共同协商建立的跨越国界的保护区。

1.17　什么是保护成效

保护成效是指自然保护区对主要保护对象的生存状态及其生境适宜性等方面的保护效果。

1.18　什么是保护空缺分析

运用遥感和地理信息系统（GIS）等工具，通过对区域物种、植被和生态系统的保护状况进行评估与监测，及时发现游离于现有保护区系统之外，具有较高保护价值的潜在区域，并确定这些区域的尺度和位置的过程。

1.19 什么是自然保护区学

专门研究自然保护区的体系构建、规划设计、保护管理和经营利用等方面理论与技术的一门学科。

1.20 什么是湖泊

陆地上洼地积水形成的水域宽阔、水量交换相对缓慢的天然水体。包括各种天然湖、池、荡、漾、泡、“海”、淖、措、淀、洼、潭、泊等水体名称。

1.21 什么是化石

由于自然作用在地层中保存下来的地质历史时期生物的遗体、遗迹，以及生物体分解后的有机物残余（包括生物标志物、古 DNA 残片）等。一般分为实体化石、遗迹化石、模铸化石、化学化石、分子化石等不同的化石保存类型。

第2章 自然保护区分区

2.1 什么是自然保护区功能区划

根据保护对象及其周围环境特点以及管理需要，将自然保护区划分为具有不同功能的区域。一般划分为核心区、缓冲区、实验区。

2.2 什么是核心区

核心区是指自然保护区中各种自然生态系统保存最完整，主要保护对象及其原生地、栖息地、繁殖地集中分布，需要采取最严格管理措施的区域。

2.3 什么是缓冲区

缓冲区是指为了缓冲外来干扰对核心区的影响，在核心区外划定的，只能进入从事科学研究观测活动的区域（地带），是自然性景观向人为影响下的自然景观过渡的区域。

2.4　什么是实验区

实验区是指自然保护区中为了探索自然资源保护与可持续利用有效结合的途径，在缓冲区外围区划出来适度集中建设和安排各种实验、教学实习、参观考察、经营项目与必要的办公、生产生活基础设施的区域。

2.5　自然保护区功能区划是如何划分的

自然保护区内保存完好的天然状态的生态系统以及珍稀、濒危动植物的集中分布地，应当划为核心区，禁止任何单位和个人进入；除依照《中华人民共和国自然保护区条例》第二十七条规定经批准外，也不允许进入从事科学研究活动。

核心区外围可以划定一定面积的缓冲区，只准进入从事科学研究观测活动。

缓冲区外围划为实验区，可以进入从事科学试验、教学实习、参观考察、旅游以及驯化、繁殖珍稀濒危野生动植物等活动。

原批准建立自然保护区的人民政府认为必要时，可以在自然保护区的外围划定一定面积的外围保护地带。

第3章 自然保护区分级分类

3.1 我国自然保护区是如何分级的

我国根据自然保护区的价值和在国内外影响的大小，将自然保护区分为国家级自然保护区和地方级自然保护区两个级别，其中地方级自然保护区包括省（自治区、直辖市）级、市（自治州）级和县（自治县、旗、县级市）级自然保护区。

将在国内外有典型意义、在科学上有重大国际影响或者有特殊科学研究价值的自然保护区，列为国家级自然保护区。

将除列为国家级自然保护区外，其他具有典型意义或者重要科学研究价值的自然保护区列为地方级自然保护区。地方级自然保护区可以分级管理，具体办法由国务院有关自然保护区行政主管部门或者省（自治区、直辖市）人民政府根据实际情况规定，报国务院环境保护行政主管部门备案。

3.2　什么是国家级自然保护区

国家级自然保护区，是指在全国或全球具有极高科学、文化和经济价值，并经国务院批准建立的自然保护区。

3.3　什么是省（自治区、直辖市）级自然保护区

省（自治区、直辖市）级自然保护区，是指在本辖区或所属生物地理省内具有较高科学、文化和经济价值以及休息、娱乐、观赏价值，并经省级人民政府批准建立的自然保护区。

3.4　什么是市（自治州）级和县（自治县、旗、县级市）级自然保护区

市（自治州）级和县（自治县、旗、县级市）级自然保护区，是指在本辖区或本地区内具有较为重要的科学、文化、经济价值以及娱乐、休息、观赏的价值，并经同级人民政府批准建立的自然保护区。

3.5　什么是自然保护区类型

根据自然保护区的保护对象、价值、性质等划分的自然保护区类别。

3.6 我国的自然保护区是怎么分类的

根据国家标准《自然保护区类型与级别划分原则》（GB/T 14529—93），我国自然保护区分为 3 大类别，9 个类型。第 1 类是自然生态系统类，包括森林生态系统类型、草原与草甸生态系统类型、荒漠生态系统类型、内陆湿地和水域生态系统类型、海洋和海岸生态系统类型自然保护区；第 2 类是野生生物类，包括野生动物类型和野生植物类型自然保护区；第 3 类是自然遗迹类，包括地质遗迹类型和古生物遗迹类型自然保护区。

3.7 什么是自然生态系统类自然保护区

自然生态系统类自然保护区是指以具有一定代表性、典型性和完整性生物群落和非生物环境共同组成的生态系统作为主要保护对象的自然保护区，包括森林生态系统、草原与草甸生态系统、荒漠生态系统、内陆湿地和水域生态系统、海洋和海岸生态系统 5 个类型自然保护区。

3.8 什么是森林生态系统类型自然保护区

森林生态系统类型自然保护区是指以森林植被及其生境所形成的自然生态系统作为主要保护对象的自然保护区。

3.9　什么是草原与草甸生态系统类型自然保护区

草原与草甸生态系统类型自然保护区是指以草原和草甸植被及其生境所形成的自然生态系统作为主要保护对象的自然保护区。

3.10　什么是荒漠生态系统类型自然保护区

荒漠生态系统类型自然保护区是指以荒漠生物和非生物环境共同形成的自然生态系统作为主要保护对象的自然保护区。

3.11　什么是内陆湿地和水域生态系统类型自然保护区

内陆湿地和水域生态系统类型自然保护区是指以水生和陆栖生物及其生境共同形成的湿地和水域生态系统作为主要保护对象的自然保护区。

3.12　什么是海洋和海岸生态系统类型自然保护区

海洋和海岸生态系统类型自然保护区是指以海洋、海岸生物与其生境共同形成的海洋和海岸生态系统作为主要保护对象的自然保护区。

3.13 什么是野生生物类自然保护区

野生生物类自然保护区是指以野生生物物种，尤其是珍稀濒危物种种群及其自然生境为主要保护对象的自然保护区，包括野生动物和野生植物 2 个类型自然保护区。

3.14 什么是野生动物类型自然保护区

野生动物类型自然保护区是指以野生动物物种，特别是珍稀濒危动物和重要经济动物种种群及其自然生境为主要保护对象的自然保护区。

3.15 什么是野生植物类型自然保护区

野生植物类型自然保护区是指以野生植物物种，特别是珍稀濒危植物和重要经济植物种种群及其自然生境为主要保护对象的自然保护区。

3.16 什么是自然遗迹类自然保护区

自然遗迹类自然保护区是指以特殊意义的地质遗迹和古生物遗迹等为主要保护对象的自然保护区，包括地质遗迹和古生物遗迹 2 个类型的自然保护区。

3.17　什么是地质遗迹类型自然保护区

地质遗迹类型自然保护区是指以特殊地质构造、地质剖面、奇特地质景观、珍稀矿物、奇泉、瀑布、地质灾害遗迹等作为主要保护对象的自然保护区。

3.18　什么是古生物遗迹类型自然保护区

古生物遗迹类型自然保护区是指以古人类、古生物化石产地和活动遗迹作为主要保护对象的自然保护区。

3.19　国家级自然生态系统类自然保护区必须具备哪些条件

（1）其生态系统在全球或在国内所属生物气候带中具有高度的代表性和典型性。

（2）其生态系统中具有在全球稀有、在国内仅有的生物群或生境类型。

（3）其生态系统被认为在国内所属生物气候带中具有高度丰富的生物多样性。

（4）其生态系统尚未遭到人为破坏或破坏很轻，保持着良好的自然性。

（5）其生态系统完整或基本完整，保护区拥有足以维持这种完整性所需的面积，一般应具备 1000 公顷以上面积的核心区和相应面积的缓冲区。

3.20 国家级野生生物类自然保护区必须具备哪些条件

（1）国家重点保护野生动、植物的集中分布区，主要栖息地和繁殖地；国内或所属生物地理界中著名的野生生物物种多样性的集中分布区；国家特别重要的野生经济动、植物的主要产地；国家特别重要的驯化栽培物种其野生亲缘种的主要产地。

（2）生境维持在良好的自然状态，几乎未受到人为破坏。

（3）保护区面积要求足以维持其保护物种种群的生存和正常繁衍，并要求具备相应面积的缓冲区。

3.21 国家级自然遗迹类自然保护区必须具备哪些条件

（1）其遗迹在国内外同类自然遗迹中具有典型性和代表性。

（2）其遗迹在国际上稀有，在国内仅有。

（3）其遗迹保持良好的自然性，受人为影响很小。

（4）其遗迹保存完整，遗迹周围具有相当面积的缓冲区。

3.22 省级自然生态系统类自然保护区必须具备哪些条件

（1）其生态系统在辖区所属生物气候带内具有高度的代表性和典型性。

（2）其生态系统中具有在国内稀有，在辖区内仅有的生物群落或生境类型。

（3）其生态系统被认为在辖区所属生物气候带中具有高度丰富的生物多样性。

（4）其生态系统保持较好的自然性，虽遭到人为干扰，但破坏程度较轻，尚可恢复到原有的自然状态。

（5）其生态系统完整或基本完整，保护区的面积基本上尚能维持这种完整性。

（6）其生态系统虽未能完全满足上述条件，但对促进本辖区内或更大范围地区内的经济发展和生态环境保护具有重大意义，如对保护自然资源、保持水土和改善环境有重要意义的自然保护区。

3.23　省级野生生物类自然保护区必须具备哪些条件

（1）国家重点保护野生动、植物种的主要分布区和省级重点保护野生动、植物种的集中分布区、主要栖息地及繁殖地；辖区内或所属生物地理省中较著名的野生生物物种集中分布区；国内野生生物物种模式标本集中产地；辖区内、外重要野生经济动、植物或重要驯化物种亲缘种的产地。

（2）生境维持在较好的自然状态，受人为影响较小。

（3）其保护区面积要求能够维持保护物种其种群的生存和繁衍。

3.24 省级自然遗迹类自然保护区必须具备哪些条件

（1）其遗迹在本辖区内、外同类自然遗迹中具有典型性和代表性。

（2）其遗迹在国内稀有，在本辖区仅有。

（3）其遗迹尚保持较好的自然性，受人为破坏较小。

（4）其遗迹基本保存完整，保护区面积尚能保持其完整性。

3.25 市、县级自然生态系统类自然保护区必须具备哪些条件

（1）其生态系统在本地区具有高度的代表性和典型性。

（2）其生态系统中具有在省（自治区、直辖市）内稀有、本地区仅有的生物群落或生境类型。

（3）其生态系统在本地区具有较好的生物多样性。

（4）其生态系统呈一定的自然状态或半自然状态。

（5）其生态系统基本完整或不太完整，但经过保护尚可维持或恢复到较完整的状态。

（6）其生态系统虽不能完全满足上述条件，但对促进地方自然资源的持续利用和改善生态环境具有重要作用，如资源管理和持续利用的保护区及水源涵养林、防风固沙林等类保护区。

3.26　市、县级野生生物类自然保护区必须具备哪些条件

（1）省级重点保护野生动、植物的主要分布区和国家重点保护野生动、植物种的一般分布区；本地区比较著名的野生生物种集中分布区；国内某些生物物种模式标本的产地；地区性重要野生经济动、植物或重要驯化物种亲缘种的产地。

（2）生境维持在一定的自然状态，尚未受到严重的人为破坏。

（3）其保护区面积要求至少能维持保护物种现有的种群规模。

3.27　市、县级自然遗迹类自然保护区必须具备哪些条件

（1）其遗迹在本地区具有一定的代表性、典型性。

（2）其遗迹在本地区尚属稀有或仅有。

（3）其遗迹虽遭人为破坏，但破坏不大，且尚可维持在现有水平。

3.28　什么是海洋自然保护区

海洋自然保护区是指以海洋自然环境和资源保护为目的，依法把包括保护对象在内的一定面积的海岸、河口、岛屿、湿地或海域划分出来，进行特殊保护和管理的区域。

3.29 建立海洋自然保护区需要符合哪些条件

根据《中华人民共和国海洋自然保护区管理办法》，凡具备下列 5 个条件之一的，应当建立海洋自然保护区。

（1）典型海洋生态系统所在区域。

（2）高度丰富的海洋生物多样性区域或珍稀、濒危海洋生物物种集中分布区域。

（3）具有重大科学文化价值的海洋自然遗迹所在区域。

（4）具有特殊保护价值的海域、海岸、岛屿、湿地。

（5）其他需要加以保护的区域。

第4章 自然保护区建设状况

4.1 我国最早建立的自然保护区是哪个

1956年10月，我国在广东肇庆建立了第一个自然保护区——鼎湖山自然保护区，由中国科学院管理。保护区总面积约1133公顷，主要保护对象为南亚热带地带性森林植被。保护区是华南地区生物多样性最富集的地区之一，被生物学家称为“物种宝库”和“基因储存库”。

4.2 我国共建有多少处自然保护区

截至2017年年底，全国（不含香港、澳门特别行政区和台湾地区，下同）共建立各种类型、不同级别的自然保护区2750个，保护区总面积14717万公顷（其中自然保护区陆地面积约14270万公顷），自然保护区面积占陆地国土面积14.86%。

4.3 我国有多少个国家级自然保护区

截至 2017 年底，我国的国家级自然保护区数量多达 463 个，占全国保护区总数的 16.8%，面积达 9745 万公顷，分别占全国自然保护区面积和我国陆域国土面积的 66.1%和 9.97%。保护对象包括森林生态、草原草甸、荒漠生态、内陆湿地、海洋海岸、野生动物、野生植物、地质遗迹、古生物遗迹等。

4.4 我国自然保护区的省域分布情况如何

统计结果表明，广东自然保护区数量最多（384 个），数量第二的是黑龙江（250 个），其次是江西（200 个）、内蒙古（182 个）、四川（169 个）、云南（160 个）、湖南（128 个）等省份。上述 7 个省份自然保护区总数达 1473 个，占全国自然保护区总数的一半以上。

4.5 从面积来看，我国自然保护区分布现状如何

从面积来看，西藏自治区的自然保护区面积最大，达到 4137 万公顷，居全国之首。自然保护区面积第二至第六的省份分别是青海（2177 万公顷）、新疆（1958 万公顷）、内蒙古（1270 万公顷）、甘肃（887 万公顷）、四川（831 万公顷）等西部省区。上述 6 个省份自然保护区面积超过了全国自然保护区总面积的 3/4。全国 16 个面积超过 100 万公顷的

特大型自然保护区中，有 14 个分布在上述 6 个省份。

4.6　我国自然保护区数量最多的省份是哪个

我国自然保护区数量最多的是广东省。截至 2017 年底，广东省共建有各级各类自然保护区 384 个，数量为全国之最。1956 年广东省率先建立了全国第一个自然保护区——鼎湖山自然保护区，2000 年，又率先在全国以实施省人大议案形式加快自然保护区发展。通过努力，广东已成为全国自然保护区数量最多的省份。

4.7　世界生物圈保护区网络有哪些中国成员

中国人与生物圈国家委员会于 1978 年成立后，长白山、鼎湖山、卧龙这 3 个自然保护区作为中国第一批成员加入世界生物圈保护区网络。截至 2017 年年底，国内列入联合国教科文组织“世界生物圈保护区网络”的自然保护区有 33 处。这些成员分布于中国绝大多数省级行政区，保护着中国相当大部分的生态和生物资源，风光秀丽，可持续发展实践活跃，是落实“人与生物圈计划”和践行“生态文明”“美丽中国”的典型代表和优良平台。这些保护区是（括号中的时间为加入时间）：长白山生物圈保护区（吉林，1979 年）、卧龙生物圈保护区（四川，1979 年）、鼎湖山生物圈保护区（广东，1979 年）、梵净山生物圈保护区（贵州，1986 年）、武夷山生物圈保护区（福建，1987年）、锡林郭勒草原生物圈保护区（内蒙古，1987年）、神农架生物圈保护区（湖北，1990年）、中国温带荒漠区博格达峰北麓生物圈保护区（新疆，1990年）、盐城沿海滩涂珍禽生物圈保护区（江苏，1992年）、西双版纳生物圈保护区（云南，1993年）、天目山生物圈保护区（浙江，1996年）、茂兰生物圈保护区（贵州，1996年）、丰林生物圈保护区（黑龙江，1997年）、九寨沟生物圈保护区（四川，1997年）、南麂列岛海洋生物圈保护区（浙江，1998年）、山口红树林生态生物圈保护区（广西，2000年）、白水江生物圈保护区（甘肃，2000年）、高黎贡山生物圈保护区（云南，2000年）、黄龙寺生物圈保护区（四川，2000年）、宝天曼生物圈保护区（河南，2001年）、赛罕乌拉生物圈保护区（内蒙古，2001年）、达赉湖生物圈保护区（内蒙古，2002年）、五大连池生物圈保护区（黑龙江，2003年）、亚丁生物圈保护区（四川，2003年）、佛坪生物圈保护区（陕西，2004年）、珠穆朗玛峰生物圈保护区（西藏，2004年）、兴凯湖生物圈保护区（黑龙江，2007年）、车八岭生物圈保护区（广东，2007年）、猫儿山生物圈保护区（广西，2011年）、井冈山生物圈保护区（江西，2012年）、牛背梁生物圈保护区（陕西，2012年）、蛇岛老铁山生物圈保护区（辽宁，2013年）、大兴安岭汗马生物圈保护区（内蒙古，2015年）。

4.8　我国面积最大的和最小的自然保护区分别是哪个

截至 2017 年年底，我国面积最大的自然保护区是西藏境内的羌塘国家级自然保护区，面积 2980 万公顷（约相当于 3 个江苏或 3 个浙江省的面积），主要保护对象包含有蹄类动物和高原荒漠生态系统。我国面积最小的自然保护区是黑龙江省嫩江县境内的科洛南山五味子县级自然保护区，面积仅 0.3 公顷，主要保护的是五味子。

4.9　我国面积最大的湿地类型国家级保护区是哪个

我国面积最大的湿地类型国家级保护区是三江源自然保护区。保护区位于果洛藏族自治州、玉树藏族自治州、海南藏族自治州、黄南藏族自治州、格尔木市境内，涉及 16 县 1 乡。总面积 1523 万公顷。保护区始建于 2000 年，属于内陆湿地和水域生态系统类型。主要保护对象是：扎陵湖、鄂陵湖、玛多湖、黄河源区岗纳格玛错、依然错、多尔改错等湿地群，当曲、果宗木查、约古宗列、星宿海、楚玛尔河沿岸等主要沼泽；藏羚、牦牛、雪豹、岩羊、藏原羚等野生动物及其栖息地，冬虫夏草、兰科植物等珍稀野生植物；青海（川西）云杉林、祁连（大果）圆柏林、山地圆柏疏林等高原森林生态系统，高寒灌丛、冰缘植被、流坡植被等特有植被；典型的高寒草甸与高山草原植被。

该保护区是我国面积最大的湿地类型国家级自然保护

区，地处长江、黄河和澜沧江三大河发源地，黄河、长江、澜沧江出自青海的水量分别占各自流域的 49.2%、25%和 15%。保护区海拔 3335～6564m，生态地位极其重要。

4.10 我国最大的胡杨林保护区是哪个

我国最大的胡杨林保护区是塔里木胡杨国家级自然保护区。保护区位于新疆巴音郭楞蒙古自治州尉犁、轮台两县境内，属戈壁荒漠、大陆性荒漠、半荒漠生物群落的类型，总面积 395 420 公顷。

胡杨是杨柳科胡杨亚属植物，是沙漠中唯一生存的乔木树种，是新疆荒漠和沙地上唯一能天然成林的树种，至少存在了 6500 万年。塔里木盆地现保存胡杨林 20 多万公顷，木材蓄积量大约 460 多万立方米，是目前世界原始胡杨林分布最集中、保存最完整、最具代表性的地区。

4.11 我国第一个草原与草甸生态系统类型国家级自然保护区是哪个

锡林郭勒草原国家级自然保护区是我国建立的第一个草原与草甸生态系统类型国家级自然保护区，是我国北方地区保存较好的、大面积连续展布的草原之一。保护区位于锡林郭勒盟锡林浩特市境内，以锡林河流域自然分水岭为界。地理位置为 115°32′ E～117°12′ E，43°26′ N～44°33′ N。保护区于 1985 年经内蒙古自治区政府批准建立，1997 年经国务院批准晋升国家级。保护区总面积为 580 000 公顷，其中，核心区面积为 58 059 公顷，缓冲区面积为 55 464 公顷，实验区面积为 466 477 公顷。保护区属草原与草甸生态系统类型，主要保护对象是草甸草原、沙地疏林。

4.12 我国第一个海洋和海岸生态系统类型国家级自然保护区是哪个

我国第一个海洋和海岸生态系统类型国家级自然保护区是海南东寨港国家级自然保护区。保护区位于海南省东北部，地处文昌、海口两市交界的东寨港湾，地理坐标为 110°32′E～110°37′E，19°51′N～20°1′N。保护区始建于 1980 年 1 月，1986 年 7 月晋升为国家级，总面积 3337 公顷。属于海洋和海岸生态系统类型，主要保护对象为红树林生态系统。该保护区也是我国第一个红树林自然保护区，在我国红树林保护区中红树林资源多且树种较为丰富，具有重要的保护价值。

4.13 我国第一个荒漠生态系统类型国家级自然保护区是哪个

阿尔金山国家级自然保护区是我国第一个荒漠生态系统类型国家级自然保护区，位于若羌县境内。该保护区于

1983 年经新疆维吾尔自治区人民政府批准建立，1985 年经国务院批准晋升为国家级。地理位置为 87°10′E～91°18′E，36°00′N～37°49′N。保护区南北宽约 180 千米，东西长约 340 千米，总面积 450 万公顷。保护区属荒漠生态系统类型，主要保护对象是有蹄类野生动物及高原生态系统。保护区是我国第一个以高原脆弱生态环境为主要保护对象的保护区。保护区边远偏僻、高寒缺氧，使得保护区内保留了中国特有和珍稀的野生动物。保护区独特的地理环境，使之成为是世界上少有的生物地理省之一，更是不可多得的高原物种基因库。

4.14 我国第一个湿地生态系统类型国家级自然保护区是哪个

我国建立的第一个湿地生态系统类型国家级自然保护区是向海国家级自然保护区，位于吉林省通榆县境内，横跨 4 个乡（镇、场）、12 个村、32 个自然屯。地理坐标为 122°05′E～122°31′E，44°55′N～45°09′N。保护区始建于 1981 年 3 月，1986 年 7 月晋升为国家级，总面积 105 467 公顷。属于内陆湿地和水域生态系统类型，主要保护对象为丹顶鹤等珍稀水禽、蒙古黄榆等稀有植物及湿地水域生态系统。保护区由于原始状态良好，加之保护成果显著，1992 年被世界野生生物基金会评定为“具有国际意义的 A 级自然保护区”。1993 年被中国人与生物圈国家委员会批准纳入“生物圈保护区网络”，具有重要的保护价值。

4.15　我国第一个地质遗迹类型国家级自然保护区是哪个

我国第一个地质遗迹类型国家级自然保护区是蓟县中上元古界地层剖面国家级自然保护区。保护区位于河北省蓟县境内，北起长城脚下的常州村，南至古渔阳城北的府君山，南北长约 24 千米，东西宽约 350 米，地理坐标为 117°16′ E～117°30′ E，40°16′ N～40°21′ N。保护区始建于 1984 年 10 月，即为国家级，总面积约 900 公顷。属于地质遗迹类型，主要保护对象是中上元古界地质剖面。

第5章 国际保护区状况

5.1 世界上海拔最高的自然保护区是哪个

世界上海拔最高的自然保护区是西藏珠穆朗玛峰国家级自然保护区。保护区位于西藏自治区的定日、聂拉木、吉隆和定结四县，1988 年经西藏自治区人民政府批准建立，1994 年晋升为国家级，主要保护对象为高山、高原生态系统。

珠峰保护区包含着世界最高峰——珠穆朗玛峰和其他 4 座海拔 8000 米以上的山峰，又是世界生物地理区域中最为特殊的西藏和喜马拉雅高地的交界处，成为世界上最独特的生物地理区域。区内生态系统类型多样，基本保持原貌，生物资源丰富，珍稀濒危物种、新种及特有种较多。同时，保护区还具有丰富的水能、光能和风能资源，以及由独特的生物地理特征、奇特的自然景观和民族文化、历史遗迹构成的重要旅游资源。珠峰保护区的科学价值无法估量，是研究高原生态地理、板块运动和高原隆起及环境科学、社会人物科学等学科的宝贵研究基地。

5.2　世界上最大的湿地是哪个

世界上最大的湿地是位于巴西的潘塔纳尔沼泽地。潘塔纳尔保护区位于巴西中部地区，面积达 2500 万公顷。在这片神奇的土地上，栖息着 1000 多种动物，其中包括 650 种鸟类、230 种鱼类、95 种哺乳动物、167 种爬行动物和 35 种两栖类动物，而且有不少是珍稀动物和濒临灭绝动物。

这里还有世界上最大的植物群，湿地、稀树草原、亚马孙和大西洋雨林 4 种在南美具代表性的生态系统并存。此外，这里分布着大量河流、湖泊和被水淹没或部分淹没的平原。由于潘塔纳尔沼泽地自然条件特殊，生物种类繁多， 2000 年 11 月，被联合国教科文组织列为世界生物圈保护区，同年又被联合国教科文组织列入人类自然遗产名单。

5.3　世界上最大的野生动物保护区是哪个

2002 年 12 月 11 日，南非著名的克鲁格国家公园开始拆除与津巴布韦、莫桑比克的边界围栏，从而拉开了建立世界上最大的野生动物保护区——大林波波跨国公园的序幕。

南非、莫桑比克和津巴布韦三国总统于 2012 年 12 月 9 日齐聚莫桑比克小镇赛赛，在这个林波波河入海的地方签署协议，将南非的克鲁格国家公园、津巴布韦的戈纳雷若国家公园和莫桑比克的林波波国家公园合三为一，成立大林波波跨国公园。跨国公园占地面积达 3.6 万平方公里，新成立的一个三国部长级联合委员会，负责整个公园的管理工作。

5.4 世界上面积最大的海洋保护区是哪个

2016 年 8 月 26 日，美国宣布在夏威夷西北部建立世界上面积最大的海洋保护区——帕帕哈瑙莫夸基亚国家海洋保护区。这片海域面积达 150 万平方公里，因富含海洋生物，对夏威夷本土文化具有重要性而著称。

帕帕哈瑙莫夸基亚国家海洋保护区是濒危物种的避难所，如蓝鲸、短尾信天翁、海龟和夏威夷僧海豹。保护区内生活着世界最北部和最健康的珊瑚礁，也被视为在气候变化大背景下最有可能存活的珊瑚礁。深海中的海底山和沉没岛屿上生活着 7000 多种物种，包括地球上现存活最久的古老动物——4000 多岁的黑珊瑚。

该保护区内的 1/4 生物都是其他地方未曾发现的。还有更多尚未发现的物种，比如 2016 年发现的一种幽灵般的白色章鱼，科学家将其命名为 *Casper*。

5.5 欧盟的 Natura 2000 自然保护区网络是个什么样的网络

Natura 2000 是一个经全体欧盟成员国认可的几乎覆盖整个欧洲大陆的自然保护区网络，是欧盟自然与生物多样性政策的核心组成部分，也是欧盟最大的环境保护行动。其目的是建立一个跨国的保护区网络，保护对欧洲具有重要意义的栖息地和物种。具体做法是在欧洲大陆建立生态廊道并开展区域合作，以保护最重要的野生动植物物种、受到威胁的自然栖息地、迁徙物种的重要地区。Natura 2000 中的保护区主要由“特别保护区”（SAC）和“特殊保护地”（SPAs）两部分组成，其中特别保护区为欧盟 1992 年《栖息地指令》中由成员国共同认定的保护区，而特殊保护地为 1979 年《鸟类指令》中认定的保护地。

第2篇

自然保护区建设管理知识

第6章

自然保护区划建

6.1 保护区的选建有什么条件

凡具有下列条件之一的，应当建立自然保护区：

（1）典型的自然地理区域、有代表性的自然生态系统区域以及已经遭受破坏但经保护能够恢复的同类自然生态系统区域；

（2）珍稀、濒危野生动植物物种的天然集中分布区域；

（3）具有特殊保护价值的海域、海岸、岛屿、湿地、内陆水域、森林、草原和荒漠；

（4）具有重大科学文化价值的地质构造、著名溶洞、化石分布区、冰川、火山、温泉等自然遗迹；

（5）经国务院或者省（自治区、直辖市）人民政府批准，需要予以特殊保护的其他自然区域。

6.2 自然保护区的建立步骤有哪些

国家级自然保护区的建立，由自然保护区所在的省（自治区、直辖市）人民政府或者国务院有关自然保护区行政主管部门提出申请，经国家级自然保护区评审委员会评审后，由国务院环境保护行政主管部门进行协调并提出审批建议，最后报国务院批准。

地方级自然保护区的建立，由自然保护区所在的县（自治县、市、自治州）人民政府或者省（自治区、直辖市）人民政府有关自然保护区行政主管部门提出申请，经地方级自然保护区评审委员会评审后，由省（自治区、直辖市）人民政府环境保护行政主管部门进行协调并提出审批建议，报省（自治区、直辖市）人民政府批准，并报国务院环境保护行政主管部门和国务院有关自然保护区行政主管部门备案。

跨两个以上行政区域的自然保护区的建立，由有关行政区域的人民政府协商一致后提出申请，并按照前两款规定的程序审批。

建立海上自然保护区，须经国务院批准。

6.3 自然保护区范围和界线如何确立

自然保护区的范围和界线由批准建立自然保护区的人民政府确定，并标明区界，予以公告。

确定自然保护区的范围和界线，应当兼顾保护对象的完整性和适度性，以及当地经济建设和居民生产、生活的需要。

6.4　保护区边界划定的方法有哪些

（1）人工区划法。以相互垂直交叉的分区线形成规整的图形，便于计算面积和调查，无法兼顾动植物的分布规律，可在平原地区采用。

（2）自然区划法。以保护区的自然线（如山脉、河流、道路）作为分区界线，兼顾地形变化和动植物分布，面积不易计算。

（3）综合区划法。人工区划与自然区划相结合。地形起伏不大，可采用人工区划为主；地形起伏大的采用自然区划法为主，只有自然界线缺乏时才用人工区划。

6.5　自然保护区该如何命名

（1）国家级自然保护区。自然保护区所在地地名加“国家级自然保护区”。

（2）地方级自然保护区。自然保护区所在地地名加“地方级自然保护区”。

（3）有特殊保护对象的自然保护区，可以在自然保护区所在地地名后加特殊保护对象的名称。

6.6 如何申报国家级自然保护区

各省（自治区、直辖市）人民政府和国务院有关部门申报建立国家级自然保护区，应组织专家对拟建的国家级自然保护区进行认真论证，并与有关部门协商后，向国务院报送《建立国家级自然保护区申报书》（以下简称《申报书》）及有关论证材料，同时抄送生态环境部。国务院将《申报书》批转生态环境部提出审批建议。如拟建的国家级自然保护区跨省（自治区、直辖市）需经有关省（自治区、直辖市）人民政府协商一致后，方可报送《申报书》。

6.7 申报国家级自然保护区要提交哪些材料

申报国家级自然保护区，必须提交下列6项材料。

（1）建立国家级自然保护区申报书。

（2）自然保护区综合考察报告。

（3）自然保护区总体规划。

（4）自然保护区位置图、地形图、水文地质图、植被图、规划图等图件资料。

（5）自然保护区的自然景观及主要保护对象的录像带、照片集。

（6）批准建立省（自治区、直辖市）级自然保护区的文件、土地使用权属证（含林权证、海域使用权属证）等有关资料。

6.8 国家级自然保护区的审批程序是什么

由生态环境部聘请各方面专家和有关部门代表，并经国务院环境保护委员会同意后，组成国家级自然保护区评审委员会（以下简称“评审委员会”），负责国家级自然保护区的评审工作。评审委员会办公室设在生态环境部，负责初审各地区和各部门的申报材料（含《申报书》和有关论证材料）。申报材料符合要求的，提交评审委员会进行评审；申报材料不完备或填报内容不符合要求的，退回申报单位并说明理由。评审委员会对初审合格的申报材料进行评审，并以无记名方式进行表决。经评审通过后，由生态环境部提出审批建议，报国务院审批。评审委员会每年召开一次评审会议。

6.9 如何调整或撤销自然保护区

自然保护区的撤销及其性质、范围、界线的调整或者改变，应当经原批准建立自然保护区的人民政府批准。

任何单位和个人，不得擅自移动自然保护区的界标。

6.10 哪种情况下国家级自然保护区可以申请调整

（1）自然条件变化导致主要保护对象生存环境发生重大改变。

（2）在批准建立之前区内存在建制镇或城市主城区等人口密集区，且不具备保护价值。

（3）国家重大工程建设需要。国家重大工程包括国务院审批、核准的建设项目，列入国务院或国务院授权有关部门批准的规划且近期将开工建设的建设项目。

（4）确因所在地地名、主要保护对象发生重大变化的，可以申请更改名称。

6.11 调整国家级自然保护区的申报材料有哪些

调整国家级自然保护区的申报材料应当包括：申报书、综合科学考察报告、总体规划及附图、调整论证报告、彩色挂图、音像资料、图片集及有关附件。

调整国家级自然保护区范围和功能区申报材料的相关要求，由国务院环境保护行政主管部门会同国务院有关自然保护区行政主管部门制定。

第7章 自然保护区设施建设

7.1 保护区管理局（处）址的选择有什么条件

（1）有利于保护区的保护管理和科研活动的开展。

（2）交通方便，有较好的内外衔接条件。

（3）尽量靠近水源、电源，后勤基地应靠近城镇。

（4）场址适宜，不受周期性自然灾害的威胁。

（5）保护站的位置应靠近保护现场或保护范围内的村屯。

7.2 什么是自然保护区设施

用于自然保护区保护管理、科研监测、宣传教育、生态旅游和公共服务等的人工构筑和场所。

7.3 什么是自然保护区标识

对自然保护区设施进行标示、说明或引导的特定文字、图形和符号。

7.4 什么是自然保护区解说系统

以实物、人工模型、文字材料和音像载体等向公众介绍自然保护区的保护对象及其自然环境的特征、保护的价值和意义等相关信息的一套互动交流工具。

7.5 自然保护区内的道路有哪些

自然保护区内道路可分为干道、巡视便道和小道。干道指国家或地方公路连接自然保护区的道路，路面宽度为 6～8m；巡视便道指设在自然保护区内的由管理局（处）至各保护站、居民点或经营活动场地的道路，砂土路面，以单车道为主，部分路段可设双车道以便会车；小道指在自然保护区内供人们行走的道路，可根据自然地势设置自然道路或人工修筑阶梯式道路，有条件的可铺碎石或片石，路面宽度 1～1.5m。

7.6 自然保护区管护基础设施包括哪些

自然保护区管护基础设施指用于自然保护区保护、管理、科研、监测、宣传教育的基础设施，包括标桩、标牌、道路、保护区管路局（处）建筑物（含办公用房、生活辅助用房、实验室、资料室、标本室等）、保护管理站、哨卡、瞭望台和其他基础设施。

7.7　自然保护区内道路设计应遵循什么原则

（1）道路布设以满足自然保护区管理、科研、巡视防火、环境保护以及生活需要为原则。

（2）内部道路可按不同等级，构成交叉路网，内部道路需与外部交通衔接。

（3）应充分利用现有道路系统和结合防火道路建设，尽量不占或少占农田、村地。

（4）核心区不得修建道路。

（5）道路标准应坚持因地制宜的原则，根据使用性质确定，道路线性应顺从自然，一般不搞大填大挖，尽量不破坏地表植被和自然景观。

（6）道路行走位置不得穿越地质不良和有滑坡、塌陷、泥石流等有地质隐患的危险地段。

7.8　什么是自然保护区管理信息化建设

自然保护区管理信息化是一个以信息化基础设施建设为保证，利用信息技术深度开发及整合自然保护区管理信息资源，实现自然保护区信息资源的共享和良性互动，并结合现代自然保护区管理理论，通过各类直观、便捷、智能的应用，提高自然保护区管理的效率和水平，逐步应用信息技术改造原有自然保护区管理体制的过程。自然保护区管理信息化建设就是完善信息化基础设施建设，充分使用网络技术和通信技术，使得自然保护区管理涉及的所有信息都及时自动采集，经智能化整合，并及时被利用。

第8章 自然保护措施

8.1 什么是就地保护

在保护对象的天然分布区对其实施保护的方式。

8.2 什么是近地保护

将生存和繁衍受威胁的野生动植物从原生境转移到附近相同或相似的生境，进行人工管护和扩繁的保护措施。

8.3 什么是迁地保护

把生存和繁衍受威胁的野生动植物迁移到天然分布区以外的自然生境或人工环境进行保护的方式。又称易地保护、异地保护或移地保护。

8.4 什么是迁移

由野生动物栖息地生存条件的变化或者其发育的周期性变化引起的动物进行一定距离移动的习性。而野生动物在其生活周期的一定时期内以群体的形式进行的定向的、大规模的迁移活动称为迁移。水生动物的迁徙也称为洄游。

8.5 什么是地理隔离

由于地形、地貌、水体等地理因素导致的种群中不同群体间不能交流基因的现象。

8.6 什么是生物廊道

是指连接破碎化生境并适宜生物生活、移动或扩散的通道，具有一定宽度的条带状区域，除具有廊道的一般特点和功能外，还具有很多生态服务功能，能促进廊道内动植物沿廊道迁徙，达到连接破碎生境、防止种群隔离和保护生物多样性的目的。

8.7 什么是野生动物通道

为保证野生动物能够穿越铁路、公路、草原围栏、水渠等建筑物和构筑物而建造或保留的通道。

8.8　什么是生物多样性监测

设置永久性植物群落样地和野生动物样点、样线或样带，定期调查并记录野生动植物种类、数量及其生境特征等指标。

8.9　什么是固定样地

用于调查和监测野生生物的种群动态和分布格局，了解区域生物多样性变化而人为设置的具有一定面积的永久抽样区域。固定样地多用于植物和植被的调查和监测，不同地区最小固定样地面积标准不同。

8.10　什么是固定样线

为调查和监测野生物种的种群动态和分布格局，了解区域生物多样性变化而人为设置的永久抽样线路。固定样线多用于野生动物的调查和监测。

8.11　什么是驯化

人类把野生动植物培育成家养动物或栽培植物的过程。

8.12　什么是引入

人类将生物个体及其所有可能存活和繁殖的部分、配子或繁殖体等转移到自然分布范围及扩散能力以外地区的过程或现象。包括有意引入和无意引入。

8.13 什么是再引入

在某物种已经灭绝的原产地重建其野生繁殖种群的过程。

8.14 什么是环志

利用各种手段对鸟类个体进行标记，然后根据获得的标记数量研究其分布、迁徙、生活史和种群动态等的监测方法。

8.15 什么是栖息地选择

动物个体或群体为觅食、卧息、繁殖、迁移或逃避敌害等目的，在可到达的生境之中寻找某一相对适宜生境的过程。

8.16 什么是生境管理

亦称“栖息地管理”。采取各种人为措施维护、修复或改造野生生物生境，以利于其种群生存和繁衍的过程。

8.17 什么是生境恢复

亦称“栖息地恢复”。采取人为措施使野生生物的退化生境逐渐接近其原生状态的过程。

8.18　什么是生境破碎化

亦称“栖息地片段化”。生境的连续性被破坏的结果，既包括由生境斑块构成的空间格局，也包括产生这种空间格局的过程。

8.19　什么是庇护所

天然存在的或人为提供的、能使生物免受捕食者袭击或不良环境条件损害的适宜栖息地，也指野生动植物的保护区。

8.20　什么是避难所

地质历史时期，未暴露在整个地区发生的巨大变化之下（如冰川活动），从而为某些生物的生存提供了适宜条件的某个区域。也称“残遗种区”。

第9章 自然保护区管理

9.1 国家如何管理自然保护区

国家对自然保护区实行综合管理与分部门管理相结合的管理体制。

国务院环境保护行政主管部门负责全国自然保护区的综合管理。

国务院林业、农业、地质矿产、水利、海洋等相关行政主管部门在各自的职责范围内，主管有关的自然保护区。

县级以上地方人民政府负责自然保护区管理的部门的设置和职责，由省（自治区、直辖市）人民政府根据当地具体情况确定。

9.2 自然保护区不同功能区的管理要求有哪些

（1）核心区。除非经特殊批准，禁止在保护区内从事科学研究活动。如果有必要，将区内的居民迁移，重新定居。

禁止修建生产设施。

（2）缓冲区。禁止旅游、生产或者开展贸易活动。经特殊批准，允许进入保护区开展非破坏性研究、采集标本、从事教育活动等。禁止修建生产设施。

（3）实验区。经特殊批准，允许参观、旅游。发展旅游业不应该破坏或者污染原有的地貌和风景。凡违反自然保护区的总指导方针的参观和旅游项目都予以禁止。禁止修建可能污染环境或者破坏自然资源或者风景的生产设施。要求现有设施减少排放量，并且将排放的污染物控制在规定的标准之内。

（4）外围保护区地带。建设项目应该不影响自然保护区内的环境质量。人们可以在自然保护区居住，从事生产活动，但是不能开展破坏自然保护区功能的活动。

9.3　哪些行为在自然保护区内是禁止的

禁止在自然保护区内进行砍伐、放牧、狩猎、捕捞、采药、开垦、烧荒、开矿、采石、挖沙等活动；法律、行政法规另有规定的除外。

禁止任何人进入自然保护区的核心区。因科学研究需要，必须进入核心区从事科学研究观测、调查活动的，应当事先向自然保护区管理机构提交申请和活动计划，并经自然保护区管理机构批准；其中，进入国家级自然保护区核心区的，应当经省、自治区、直辖市人民政府有关自然保护区行政主管部门批准。

自然保护区核心区内原有居民确有必要迁出的，由自然保护区所在地的地方人民政府予以妥善安置。

禁止在自然保护区的缓冲区开展旅游和生产经营活动。因教学科研目的，需要进入自然保护区缓冲区从事非破坏性的科学研究、教学实习和标本采集活动，应当事先向自然保护区管理机构提交申请和活动计划，经自然保护区管理机构批准。

从事以上活动的单位和个人，应当将其活动成果的副本提交自然保护区管理机构。

在自然保护区的实验区内开展参观、旅游活动的，由自然保护区管理机构编制方案，方案应当符合自然保护区管理目标。

在自然保护区组织参观、旅游活动，应当严格按照前款规定的方案进行，并加强管理；进入自然保护区参观、旅游的单位和个人，应当服从自然保护区管理机构的管理。

严禁开设与自然保护区保护方向不一致的参观、旅游项目。

9.4 自然保护区应由何人管理

国家级自然保护区，由其所在地的省、自治区、直辖市人民政府有关自然保护区行政主管部门或者国务院有关自然保护区行政主管部门管理。地方级自然保护区，由其所在地的县级以上地方人民政府有关自然保护区行政主管部门管理。

有关自然保护区行政主管部门应当在自然保护区内设立专门的管理机构，配备专业技术人员，负责自然保护区的具体管理工作。

9.5　什么是自然保护区总体规划

在对自然保护区的资源与环境特点、社会经济条件、资源保护与开发利用现状以及潜在可能性等综合调查分析的基础上，明确自然保护区的范围、性质、类型、发展方向和一定时期内的发展规模与目标，制定自然保护区保护、科研、监测、宣教、资源利用、社区发展、行政管理与资金估算等方面的行动计划与措施的过程。总体规划是一定时期内自然保护区建设和发展的指导性文件，可为协调自然保护区建设与发展制定目标，提供政策指导，为决策部门选择、确定项目提供依据，同时也为保护区制定管理计划和年度计划提供依据。

9.6　什么是自然保护区管理计划

自然保护区开展保护、科研监测、宣传教育、社区管理等日常管理工作的详细行动指南。

9.7 什么是自然保护区管理有效性评估

对自然保护区管理成效进行的评价，评价因子包括保护对象现状、规划设计、权属、管理体系、管理队伍、管理制度、保护管理措施、科研与监测工作、宣传工作、经费管理、资源可持续利用、社区协调性、生态旅游管理、监督和评估等因素。

9.8 自然保护区管理机构的主要职责有哪些

自然保护区管理机构的主要职责包括以下 6 点：

（1）贯彻执行国家有关自然保护的法律、法规和方针、政策。

（2）制定自然保护区的各项管理制度，统一管理自然保护区。

（3）调查自然资源并建立档案，组织环境监测，保护自然保护区内的自然环境和自然资源。

（4）组织或者协助有关部门开展自然保护区的科学研究工作。

（5）进行自然保护的宣传教育。

（6）在不影响保护自然保护区的自然环境和自然资源的前提下，组织开展参观、旅游等活动。

9.9　自然保护区管理的指导思想是什么

（1）坚持以自然环境、自然资源、自然景观保护为中心。

（2）确保保护对象安全、稳定、自然生长与发展，保护生物多样性为目的。

（3）建设集保护、科研、宣教和利用于一体的综合型保护体系。

（4）促进自然保护事业和当地社区可持续发展。

9.10　自然保护区建设管理的经费来源有哪些

管理自然保护区所需的经费，由自然保护区所在地的县级以上地方人民政府安排。国家对国家级自然保护区的管理，给予适当的资金补助。

自然保护区管理机构或者其行政主管部门可以接受国内外组织和个人的捐赠，用于自然保护区的建设和管理。

9.11　什么是自然保护区的社区

自然保护区的社区是指居住在自然保护区内及其周边，并影响自然保护区管理活动结果的社会实体。

9.12 什么是社区共管

社区共管是社区参与自然保护区保护管理方案的制定、实施和评估的过程。

9.13 什么是自然保护区共管委员会

由自然保护区的利益相关者代表按照一定分工合作方式共同组成的管理自然保护区相关事务的民间组织。

9.14 什么是生态安全

生态系统自然平衡状态和生态环境的稳定性不被破坏。

9.15 什么是生态补偿

通过一定的政策手段使自然保护外部性内部化，让自然保护的“受益者”支付相应的费用，使自然保护者和其行为得到补偿，激励人们从事自然保护投资并使其生态资产得到相应增值。为保证生态补偿的正常和顺利实施而设立的专项基金称为生态补偿基金。

9.16 什么是环境承载力

某一环境的状态和结构在不发生难以逆转的变化前提下，所能承受的人类干扰的类型、规模、强度和速度等方面的限值。

9.17　什么是环境监测

运用化学、生物学、物理学和医学等方法，对大气、土壤和水体等环境因素进行定期调查和测定。

9.18　什么是环境容量

指在人类生存和自然生态系统不受危害的前提下，某一环境所能容纳的污染物的最大负荷量，也指一个生态系统在维持生命机体的生存能力和更新能力的前提下，承受有机体数量的最大限度。

9.19　什么是环境影响评价

对规划和建设项目实施后可能造成的环境影响进行分析、预测和评估，提出预防或者减轻不良环境影响的对策和措施，并进行跟踪监测的过程。

9.20　海洋自然保护区管理机构主要职责有哪些

经批准建立的海洋自然保护区须设立相应的管理机构，配备专业技术人员。主要职责包括以下 7 点：

（1）贯彻执行国家有关海洋自然保护区的法律、法规和方针、政策。

（2）制定保护区具体管理办法和规章制度，统一管理该区内的各项活动。

（3）拟定保护区总体建设规划。

（4）设置保护区界碑、标志物及有关保护设施。

（5）组织开展保护区内基础调查和经常性监测、监视工作。

（6）组织开展保护区内生态环境恢复和科学研究工作。

（7）开展有关海洋自然保护宣传教育工作。

9.21 在海洋自然保护区内哪些行为是被禁止的

在海洋自然保护区内禁止下列活动和行为：①擅自移动、搬迁或破坏界碑、标志物及保护设施；②非法捕捞、采集海洋生物；③非法采石、挖沙、开采矿藏：④其他任何有损保护对象及自然环境和资源的行为。

9.22 外国人进入自然保护区需要经过哪些手续

外国人进入自然保护区，应当事先向自然保护区管理机构提交活动计划，并经自然保护区管理机构批准；其中，进入国家级自然保护区的，应当经省、自治区、直辖市环境保护、海洋、渔业等有关自然保护区行政主管部门按照各自职责批准。

进入自然保护区的外国人，应当遵守有关自然保护区的法律、法规和规定，未经批准，不得在自然保护区内从事标本采集等活动。

9.23　什么是土地利用图

土地利用图用以表明一定区域内各种土地类型位置、大小及范围的地图。土地利用图对于自然保护区的管理具有重要指导意义。

9.24　什么是土地类型，我国土地类型有哪几类

土地类型是地表各组成要素（包括地质、地貌、气候、水文、土壤、植被以及人类活动作用的结果等）遵循地域分异规律，相互作用、相互制约所形成的性质均一的土地单元，是包括各种自然要素在内的自然综合体。我国的土地按照土地利用现状分为耕地、园地、林地、草地、商服用地、工矿仓储用地、住宅用地、公共管理与公共服务用地、特殊用地、交通运输用地、水域及水利设施用地、其他土地共 12 大类。自然保护区应尽量保持自然性和原真性，减少人类活动频繁的土地类型的范围和面积。

9.25　什么是退耕还林

指把不适应于耕作的农地有计划地转换为林地的过程。不适应耕作的农地主要指坡度超过 25° 的坡耕地。

9.26 什么是退耕还湿

将围湖造田、沼泽拓荒等不合理开垦的耕地重新转换为湿地的过程。

9.27 什么是退牧还草

通过搬迁禁牧围栏禁牧、聚居休牧、封山育草等方式，将开展放牧的草原草甸保护起来，恢复天然草地植被的过程。

第3篇

自然保护区相关知识

第10章 生态学相关知识

10.1 什么是自然环境

自然环境即非人类创造的自然产物与一定地理条件结合构成的地理空间。

10.2 什么是自然资源

自然资源是指自然界中对人类有用的一切物质和能量的总称。

10.3 什么是自然景观

所谓自然景观，就是天然赋存的，具有极高观赏价值，能对人类产生自然吸引力和亲和力的自然环境及其景象组合。

10.4 什么是自然保护

自然保护就是通过保护自然环境和自然资源的途径，促进生物资源不断发展，使自然环境恢复到应有的功能。

10.5 什么是生物圈

生物圈是指地球上所有生命与其生存环境的整体，它在地球表面上到平流层、下到地壳深处，形成一个有生物存在的包被层。实际上，绝大多数生物生活在陆地之上和海洋表面以下约100米厚的范围内。在地球上之所以能够形成生物圈，是因为在这样一个薄层里同时具备了生命存在的4个条件：阳光、水、适宜的温度和营养成分。

总之，地球上有生命存在的地方均属生物圈的一部分。生物圈的最显著特征是具有整体性，即任何一个地方的生命现象都不是孤立的，都跟生物圈的其余部分存在着历史和现实联系。

10.6 什么是自然本底

指在排除人类活动产生的因子外，自然界全部生物和环境要素的数量和质量的正常值。

10.7　什么是生态系统

生态系统是一个自然实体，由生物群落及它们生存的环境共同构成，是生命系统和环境系统在特定空间的组合。生态系统的特征是系统内部以及系统与系统外部之间存在能量的流动和由此推动的物质循环。

生态系统可大可小，大到整个生物圈，小到自然界中一滴水。生态系统组成大的自然系统，如森林、草原、河流、湖泊、山脉，而农田、水库、城市则是人工生态系统。生态系统具有等级结构，即较小的生态系统组成较大的生态系统，简单的生态系统组成复杂的生态系统，最大的生态系统是生物圈。

10.8　生态系统的结构是怎样的

任何一个生态系统都由生物群落和物理环境两大部分组成。阳光、氧气、二氧化碳、水、植物营养素（无机盐）是物理环境的最主要要素，生物残体（如落叶、动物和微生物尸体）及其分解产生的有机质也是物理环境的重要因素。物理环境除了给生物提供能量和养分之外，还为生物提供其生命活动需要的媒质，如水、空气和土壤。而生物群落是构成生态系统精密有序结构和使其充满活力的关键因素，各种生物在生态系统的生命舞台上各有角色。

生态系统的生命角色有 3 种，即生产者、消费者和分解者，分别由不同种类的生物充当。

生产者吸收太阳能并利用无机营养元素（C、H、O、N 等）合成有机物，将吸收的一部分太阳能以化学能的形式储存在有机物中。生产者的主体是绿色植物，以及一些能够进行光合作用的菌类。由于这些生物能够直接吸收太阳能和利用无机营养成分合成构成自身有机体的各种有机物，我们称它们是自养生物。

消费者是直接或间接地利用生产者所制造的有机物作为食物和能源，而不能直接利用太阳能和无机态的营养元素的生物。

分解者也不能够直接利用太阳能和物理环境中的无机营养元素，但能分解所有生物的尸体来得到营养，同时使复杂的物质还原为简单的元素或化合物。

消费者和分解者都不能够直接利用太阳能和物理环境中的无机营养元素，我们称它们为异养生物。值得特别指出的是，物理环境（太阳能、水、空气、无机营养元素）、生产者和分解者是生态系统缺一不可的组成部分，而消费者是可有可无的。这一点可以在图 10.1 中得到直观反映。

图 10.1　生态系统的构成示意图

生态系统的构成 = 生物成分+非生物成分；

生物成分：包括三大类，分别是生产者、消费者和分解者；

非生物成分：即四周物理环境，包括空气、水及生命所需的各种养分

10.9　生态系统是如何实现物质循环的

在生态系统中，物质从物理环境开始，经生产者、消费者和分解者，又回到物理环境，完成一个由简单无机物到各种高能有机化合物，最终又还原为简单无机物的生态循环，这就是生态系统的物质循环。通过循环，生物得以生存和繁衍，物理环境得到更新并变得越来越适合生物生存。在这个物质的生态循环过程中，太阳能以化学能的形式被固定在有机物中，供食物链上的各级生物利用。

生物维持生命所必需的化学元素虽然为数众多，但有机

体 97%以上是由氧（O）、碳（C）、氢（H）、氮（N）和磷（P）这5种元素组成的。

10.10 什么是生态系统的能量流

推动生物圈和各级生态系统物质循环的动力，是能量在食物链中的传递，即能量流。与物质的循环运动不同，能量流是单向的，它从植物吸收太阳能开始，通过食物链逐级传递，直至食物链的最后一环。在每一环的能量转移过程中都有一部分能量被有机体用来推动自身的生命活动（新陈代谢），随后变为热能耗散在物理环境中。

为了反映一个生态系统利用太阳能的情况，我们使用生态系统总产量这一概念。一个生态系统的总产量是指该系统内食物链各个环节在一年时间里合成的有机物质总量。它可以用能量、生物量表示。生态系统中的生产者在一年里合成的有机物质的量称为该生态系统的初级总产量。总产量的一半以上被植物自身的呼吸作用所耗用，剩下的称为净初级产量。各级消费者之间的能量利用率也不高，平均约10%，即每经过食物链的一个环节，能量的净转移率平均只有 1/10 左右。因此，生态系统中各种生物量按照能量流的方向沿食物链递减，处在最基层的绿色植物量最多，其次是草食动物，再次为各级肉食动物，处在顶级的生物量最少，形成一个生态金字塔。只有当生态系统生产的能量与消耗的能量大致相等时，生态系统的结构才能维持相对稳定状态，否则生态系统的结构就会发生剧烈变化。

10.11　什么是生态平衡

生态系统中的能量流和物质循环在通常情况下（没有受到外力的剧烈干扰）总是平稳进行，与此同时，生态系统的结构也保持相对的稳定状态，这叫作生态平衡。生态平衡的最明显表现就是系统中的生物种类、数量和种群规模相对平稳。当然，生态平衡是一种动态平衡，即它的各项指标，如生产量、生物的种类和数量，都不是固定在某一水平，而是在某个范围内来回变化。这同时也表明生态系统具有自我调节和维持平衡状态的能力。当生态系统的某个要素出现功能异常时，其产生的影响就会被系统做出的调节所抵消。生态系统的能量流和物质循环以多种渠道进行着，如果某一渠道受阻，其他渠道就会发挥补偿作用。对污染物的入侵，生态系统表现出一定的自净能力，也是系统调节的结果。生态系统的结构越复杂，能量流和物质循环的途径越多，其调节能力，或者抵抗外力影响的能力，就越强。反之，结构越简单，生态系统维持平衡的能力就越弱。农田和果园生态系统就是一种脆弱生态系统的例子。

一个生态系统的调节能力是有限度的。当外力的影响超出这个限度，生态平衡就会遭到破坏，生态系统就会在短时间内发生结构上的变化，比如一些物种种群规模发生剧烈变化，另一些物种则可能消失，也可能产生新的物种。但变化总的结果往往是不利的，它削弱了生态系统的调节能力。这种超限度的影响对生态系统造成的破坏是长远性的，生态系统重新回到和原来相当的状态往往需要很长时间，甚至不可逆转，这就是生态平衡的破坏。

作为生物圈一分子的人类，对生态环境的影响力目前已经超过自然力量，包括大量负面影响，成为破坏生态平衡的主要因素之一。人类对生物圈的破坏性影响主要表现在3个方面：①大规模地把自然生态系统转变为人工生态系统，严重干扰和损害了生物圈的正常运转，农业开发和城市化是这种影响的典型代表；②大量取用生物圈中的各种资源，包括生物的和非生物的，严重破坏了生态平衡，森林砍伐、水资源过度利用是其典型例子；③向生物圈中超量输入人类活动所产生的产品和废物，严重污染和毒害了生物圈的物理环境和生物组分，包括人类自己，如化肥、杀虫剂、除草剂、工业三废和城市三废。

10.12　什么是生态系统管理

通过对生态系统组成成分和结构的调控，以维持或恢复生态系统的健康，使其长期发挥正常服务功能。

10.13　什么是生态系统健康

生态系统维持在完整性和稳定性状态。

10.14　什么是生态系统完整性

某个生态系统与本区域同类健康自然生态系统结构和功能特征的相近程度。

10.15　什么是生态系统稳定性

生态系统抵抗变化、干扰和保持自身平衡的能力。包括生态系统抵抗力和生态系统恢复力两方面，前者是指生态系统遇到扰动时维持原状态的能力，后者是指在被扰动之后恢复到原状态的能力。

10.16　什么是生态系统恢复

通过重建受损食物链、引入生态关键种、修复退化生境等人工辅助措施，恢复健康生态系统的结构和功能。

10.17　什么是生态效益

自然生态系统及其生态过程所形成的维持人类赖以生存的自然环境条件及其提供的服务。

10.18 什么是生态影响评价

定量揭示与预测人类活动对自然资源和自然环境的影响过程。

10.19 什么是生态系统多样性

指全球或某区域的生态系统组成功能及其生态过程的多样性。

10.20 什么是生态旅游

利用和消费自然旅游资源、开发和体验可持续性旅游产品、建设和使用环境友好型服务设施、提供和获取生态文化知识的旅游活动。

10.21 什么是生态旅游规划

为实现一定时空尺度内生态旅游的发展目标，确定生态旅游发展方向、发展规模、实施步骤等方面的行动计划与措施的过程。

10.22 什么是生态旅游资源

以体现人与自然和谐的生态美（自然生态、人文生态）为特色，以自然景观、生物多样性和生态过程等作为旅游吸引物，具有较高观赏价值，可以吸引游客前来进行旅游活动，并在遵循自然规律的前提下，能实现环境的优化组合、物质能量的良性循环、经济和社会协调发展，能够产生可持续的旅游综合效益的旅游活动对象物。

10.23　什么是物理防治

是利用简单工具和各种物理因素，如光、热、电、温度、湿度和放射能、声波等防治病虫害等生物灾害的措施。

10.24　什么是食物链

生态系统中的自养生物和异养生物 2 类不同营养层次的生物，通过捕食关系而构成的单向链状关系。食物链的物质或能量以线性方式单向流动。

食物链的例子常常就在我们身边，而且使人类受益匪浅。比如：植物长出的叶和果为昆虫提供了食物，昆虫成为鸟的食物源，有了鸟，才会有鹰和蛇，有了鹰和蛇，鼠类才不会成灾……当动物的粪便和尸体回归土壤后，土壤中的微生物会把它们分解成简单化合物，为植物提供养分，使其长出新的叶和果。就这样，食物链建立了自然界物质的健康循环。

食物链形成了大自然中“一物降一物”的现象，维系着物种间天然的数量平衡。人类与大自然也通过食物链连接。

人的食物主要来自植物和动物。而动植物是从自然环境中得到营养生长而成。如果这些动植物含有了来自环境污染的成分，人吃了就有危险。拿水产鱼类来说，如果自然界有了汞的污染，而土壤中的有些微生物可以把汞转变成有机汞，鱼类吃了这样的微生物就会把有机汞储存在身体中，而人吃了这样的鱼，汞就会进入人的神经细胞中，人就会得可怕的水俣病。

10.25 什么是食物网

食物链各环节彼此交错联结，将生态系统中各种生物直接或间接地联系在一起形成的复杂网状关系。

10.26 什么是可持续利用

能够长期满足今世后代的需要和期望，而不会导致自然资源枯竭的前提下，人类合理利用自然资源的方式和强度。

10.27 什么是河口生态系统

河口水层区与底栖带所有生物与其环境进行物质交换和能量传递所形成的统一整体。

10.28　什么是旅游资源

自然界和人类社会中凡能对旅游者产生吸引力，可以为旅游业开发利用，并可产生经济效益、社会效益和环境效益的各种事物和因素。

10.29　什么是人文旅游资源

具有游览观赏价值的古今人类活动的艺术结晶和文化成就。包括各种历史古迹、古今建筑、民族风俗等。

10.30　什么是生物气候带

生物气候带是指生物与气候相适应而形成的大致与纬度平行的带状地域（地理景观带）。生物气候带在山地海拔高度上的表现，则为垂直生物气候带。

10.31　什么是生物地理界/生物地理区

生物地理区域划分的最高级分类单位，是在地理区、动物区系、植物区系和植被上具有一致特点的地区，它的面积相当于大陆或次大陆。类似于动物区系划分中的动物地理界和植物区系划分中的植物区。

10.32 什么是生物地理省

根据动植物区系和植被特征划分的区域，是生物地理界的生态系统或生物的亚区，是一个相当大而连续的地理分布区。相当于动物区系分区中的省和植物区系分区中的区。

10.33 什么是可更新资源

亦称“可再生资源”。指被人类开发利用后，能够依靠生态系统自身的再生能力得到恢复或再生的资源（如生物资源和水资源等）。

10.34 什么是天然林

指自然发生的森林，包括原生林和次生林两种。

10.35 什么是原生林

指近现代没有人工采伐和发生过火灾等干扰的天然森林。

10.36 什么是人工林

采用人工播种、栽植或扦插等方法和技术措施营造培育而成的森林。

第11章 生物学相关知识

11.1 什么是生物资源

有生命的自然资源，包括生长在自然界中的能够直接或间接被人类利用的动物、植物、微生物及其他各种类型的生命形式。

11.2 什么是动物地理界

动物区系分区系统的最高级分类单位，是在地理区和动物区系具有一致特点的地区，一般根据哺乳动物和鸟类划分。共分为古北界、东洋界、澳洲界、新热带界、热带界（埃塞俄比亚界）、新北界6个界。

11.3 什么是动物区系

某一地区内在历史发展过程中形成的、在现今生态条件下生存的所有动物种类的总体。

11.4 什么是非地带性植被

受地下水、地表水、地貌部位或地表组成物质等非地带性因素影响而生长发育的植被类型，也称隐域性植被。

11.5 什么是浮游生物

指因缺乏发达的运动器官而没有或只有微弱的运动能力，悬浮在水层中随水流移动的生物类群。按其营养方式和分类地位可分为浮游植物和浮游动物两大亚类。

11.6 什么是高等植物

指形态上有根、茎、叶分化植物，又称茎叶体植物。其构造上有组织分化，多细胞生殖器官，合子在母体内发育成胚，故又称“有胚植物”。包括苔藓植物、蕨类植物和种子植物三大类群。

11.7 什么是红树林

指生长在热带、亚热带低能海岸潮间带上部，受周期性潮水浸淹，以红树植物为主体的常绿灌木或乔木组成的潮滩湿地木本生物群落。组成的物种主要包括草本、藤本红树。

它生长于陆地与海洋交界带的滩涂浅滩，是陆地向海洋过渡的特殊生态系统。

11.8　什么是候鸟

在一年中随着季节变化，定期沿着相对稳定的迁徙路线，在繁殖地和越冬地之间远距离迁徙的鸟类。夏季在某一地区繁殖而秋季离开的鸟类对该地区而言是夏候鸟；冬季在某一地区越冬、春季离开的鸟类对该地区而言是冬候鸟。

11.9　什么是留鸟

全年栖息于同地区，不进行远距离迁徙的鸟类。

11.10　什么是旅鸟

迁徙途中经过某一地区，有时短暂停歇，但不在此地区繁殖或越冬的鸟类对该地区而言是旅鸟。

11.11　什么是迷鸟

在迁徙过程中偏离通常的迁徙路线而偶然出现在某一地区的鸟类。

11.12 什么是漂鸟

指为觅食或者繁殖需要在一定区域内的不同生境间进行短距离迁徙的鸟类，如血雉、山麻雀等因气候和食物的关系常进行不同生境间的移动。

11.13 什么是洄游

水生动物为了繁殖、越冬或索饵的需要，定期、定向地从一个水域迁移到另一个水域的运动。

11.14 什么是迁徙

迁徙是指某种生物或鸟类中的某些种类和其他动物，每年春季和秋季，有规律、沿相对固定路线、定时在繁殖地区和越冬地区之间进行的长距离往返移居的行为现象。

11.15 什么是海洋生物

指海洋中具有生命的有机体。按分类系统分为海洋原核生物、海洋原生生物、海洋真菌、海洋植物和海洋动物。按其生活方式分为底栖生物、浮游生物、游泳生物和寄生生物。

11.16 什么是中生植物

适宜在水湿条件适中的陆地上生长的植物。

11.17　什么是旱生植物

适宜在干旱生境下生长，能耐受长时间的土壤水分亏缺，仍能维持水分平衡和正常生长发育的植物。旱生植物一般面积对体积的比例很小，而且根系发达（如刺石竹等）。

11.18　什么是盐生植物

能在高含量可溶性盐（主要为氯化钠 NaCl）的环境（包括土壤、沼泽、水域）中生长并完成其生活史的植物。

11.19　什么是药用生物

指具有药用价值的生物，包括已经作为药材或者作为药物来源的生物，以及含有活性化合物、具有潜在药用前景的生物。

11.20　什么是湿地植被

在湿地上生长、由湿生植物和水生植物为主的群落组成的植被类型。

11.21　什么是湿生植物

指在潮湿环境中生长，不能忍受较长时间的水分不足，抗旱能力最小的陆生植物（如灯芯草、半边莲、毛茛等）。

11.22 什么是水生植物

整体或部分植株生长在水中或水面，通气组织发达，生活史的部分或全部在水环境中完成的植物。包括浮游植物、沉水植物、浮水植物和挺水植物等。

11.23 什么是维管束植物

植物体内有维管组织分化的植物类群也称维管植物。包括蕨类植物、裸子植物和被子植物。维管束是植物体内运输水分、无机盐和有机物质的束状组织。

11.24 什么是苔藓植物

指配子体呈叶状体，可独立生活，有假根、茎、叶的分化，以孢子繁殖，无维管束的植物。可分为苔纲和藓纲。

11.25 什么是两栖植物

既能在水中又能在陆地上生长的高等植物。通常由于生境改变在形态上产生差异。如两栖蓼，生长在水中时，叶圆，叶柄细长；生长在陆地上时，叶细长，叶柄短，遍体多毛。

11.26 什么是模式标本

每一生物新种在发表定名时作为佐证，以证明其以前确实没有被科学描述过的标本。

11.27　什么是潜在分布区

某种生物可以生存和分布的，但由于限制的存在而未分布的地区。

11.28　什么是生物安全

在生物技术研究、应用以及生物技术产品研究、开发、商品化生产过程中发生的可能会危及生物多样性、环境和人类健康的安全性问题。也指人工饲养动物和栽培植物逃逸造成野生生物的基因污染，以及外来物种造成本地物种基因污染或灭绝的问题。

11.29　什么是生物入侵

外来物种在当地适宜的环境和缺少天敌的条件下迅速增殖，扩大分布区，并形成对本地自然、社会和经济产生威胁的生态过程。

11.30　何谓转基因生物

所谓转基因生物就是指为了达到特定目的而将 DNA 进行人为改造的生物。通常的做法是提取某生物具有特殊功能的基因片段，通过基因技术加入到目标生物当中。

经基因改造的植物大多是农作物类，其目的是为了提高农作物的产量和品质或者是为了抵抗病虫害。转基因生物对生物多样性的影响受到越来越多的关注，其中包括转基因作物潜在的侵袭力、基因漂移、对生物多样性的冲击，从而对农业生产的影响等。

11.31　什么是外来物种

在自然分布范围及扩散能力以外地区生存或繁衍的物种，对该地区而言是外来物种。

第12章 物种相关知识

12.1 什么是物种

物种是由占据一定空间、具有实际或潜在繁殖力的种群组成，并且与其他群体在生殖上隔离。

12.2 什么是亚种

种内占据特定地理亚区或宿主不同并与该种内其他个体有一定形态差异的类群。多用于动物分类。

12.3 什么是物种多样性

某地区在特定时间内所生存的生物物种的丰富程度。

12.4 什么是物种丰富度

区域内所有物种的数目或某特定类群的物种数目。

12.5 什么是本地种

出现在自然分布范围及扩散能力以内的物种。也称“乡土物种”或“土著物种”。

12.6 什么是归化种

不依靠直接的人为干预而能持续繁殖并维持种群超过一个生命周期的外来物种。它们常常建立自然种群，但不一定对本地物种产生可见的不利影响。

12.7 什么是栖息地

根据《生物多样性公约》的定义，栖息地是指一个有机体或种群自然发生的地块或场所，有时也指动植物生活与繁育的场所。也有人将栖息地定义为由某一特定动物、植物或其他类型的有机体居住的一个生态或环境区域。

12.8 什么是种群

种群是指在一定的空间和时间内同种个体的总和。即种群是由同种的个体组成的，必定占据着一定的区域；各个体之间不是孤立的，而是通过种内的关系有机地组成一个系统，如猕猴（等级制度）、蚂蚁（社会制度）。

12.9　什么是亚种群

亦称“局域种群”。适应于特定生境或局部条件的某一物种的所有个体。局域种群中的个体之间存在频繁的相互作用和交流，如竞争、繁殖行为等。

12.10　什么是种群动态

种群数量或结构在一定时间和空间范围内变化的过程。

12.11　什么是种群结构

种群内处于不同发育期或具有不同社群地位、个体大小或空间位置的个体组成。

12.12　什么是种群空间格局

亦称“种群空间分布格局”。组成种群的个体在其生活空间中的位置或分布形式。一般分为均匀分布、集群分布和随机分布 3 种类型。

12.13　什么是集合种群

由空间上相互隔离但又有一定的基因交流的 2 个或 2 个以上的局部种群组成的种群系统。也称为异质种群。

12.14 什么是种群生存力分析

用分析和模拟技术估计生物种群以一定概率存在一定时间的过程。

12.15 什么是群落

群落指占有一定空间的多种生物种群的集合体，包括植物、动物和微生物等各分类单元的种群。也可以说，在一定空间范围内的所有生物的总和为群落。生物群落连同其所在的物理环境共同构成生态系统。一个生态系统中具生命的部分即生物群落。

12.16 什么是关键种

如果一个物种在群落中具有独一无二的作用，而且这种作用对于群落又是至关重要的，这个物种被称为关键种。

12.17 什么是伴生种

在生物群落中经常出现、与优势种或目标种相伴存在的物种。

12.18 什么是优势种

指对群落结构和群落环境的形成具有强大的控制作用

的物种。主要特征是个体数量多或生物量大、盖度大，即重要值最大的种。

12.19　什么是旗舰种

自然界中具有较高的濒危等级和保护价值的特殊生物种类，并被公众普遍喜爱、可以激发大众自然保护意识的物种（例如大熊猫、丹顶鹤、扬子鳄等）。

12.20　什么是伞护种

生境需求能够涵盖其他物种生境需求的物种，因而对该物种保护的同时也为其他物种提供了保护伞。伞护种常被用于确定被保护生境的类型和面积。

12.21　什么是特有种

由于地质历史原因或生态因子的作用，仅分布于某个特定地区内而在其他地区没有自然分布种群的动植物物种。

12.22　什么是特征种

仅限于分布在某一生物群落内的，对该群落分类单位具有指示作用的物种。

12.23 什么是指示生物

对环境中的某些物质或干扰反应敏感而被用来监测或评价环境质量及其变化的生物物种或生物类群。

12.24 什么是最小可存活种群

最小可存活种群是指保证种群在一个特定时间内能健康生存所需的最小有效数量，这是一个种群数量的阈值，低于这个阈值，种群会逐渐趋向灭绝。

12.25 什么是极小种群

种群个体数量极少，已经低于最小可存活种群而随时濒临灭绝的生物种群。

12.26 什么是种质资源

是在自然演变过程中形成的，能在一定环境作用下，通过世代演替传递给后代，并发育为具有各种性状特征生物的可遗传的物质资源的总称。如古老的地方品种、新培育的推广品种、重要的遗传材料以及野生近缘植物，都属于种质资源的范围。

12.27　什么是种质资源库

收集和保存种质资源的场所。包括进行易地保护的种子园、母树园、种质资源保存圃和种子储存库等。

第13章 植被相关知识

13.1 什么是植被

在一个地区或流域范围内覆盖地表的所有植物和植物群落的总称。

13.2 什么是植被地带

植被区域或亚区域内，由于水热变化，或由于地势高低所引起的热量差异而表现出的“植被型”的差异。可划分为地带或亚地带。

13.3 什么是植被分类系统

将各种各样的植物群落按其固有特征纳入一定的等级系统，从而使各类型之间的相似性和差异性更为显著，以达到区分和鉴别不同植被类型而建立的分类体系。我国的植被分类系统划分为植被型组、植被型、群系组、群系、群丛组、群丛等一系列等级。

13.4　什么是植被区

在植被地带内，根据内部的水热状况，尤其是由地貌条件引起的差异而划分的区域，是植被区划系统的中级单位。在植被区内，根据优势的基本植被类型（群丛组）划分出的小区称为植被小区，是植被区划的基本单位。

13.5　什么是植被图

表示各种植物群落或植被单位空间分布规律及其生态环境状况的地图，也称“植被类型图”。

13.6　什么是植被型

建群种生活型相同（一级或二级）或近似，同时对水热条件要求一致的植物群落的联合体，是植被分类的高级单位。我国植被分为寒温性针叶林、温性针叶林、暖性针叶林、落叶阔叶林、常绿阔叶林、常绿针叶灌丛等 29 个植被型。

13.7　什么是植被型组

建群种生活型相近、群落的形态外貌相似的植物群落的联合体。我国植被分为针叶林、阔叶林、灌丛和灌草丛、草原和稀树草原、荒漠、冻原、高山稀疏植被、草甸、沼泽和水生植被10个植被型组。

13.8 什么是植被亚型

在植被型内根据优势层片或指示层片的差异来划分亚型，是植被型的辅助单位。这种层片结构的差异一般是由于气候亚带的差异或一定的地貌、基质条件的差异而引起。

13.9 什么是植物区

植物区系分区系统的最高级分区单位，是在地理区和植物区系上具有一致特点的地区，一般根据维管束植物特有种、特有属和特有科情况划分。包括泛北极植物区、古热带植物区、新热带植物区、开普植物区（好望角植物区）、澳大利亚植物区、泛南极植物区6个植物区。

13.10 什么是植物区系

生活在某一地区的全部植物种类的总体。

13.11 什么是群系

建群种或共建种相同的植物群落的联合体，是植被分类系统的主要中级单位。例如华北落叶松林、蒙古栎林、大针茅草原、白梭梭荒漠等。

13.12 什么是亚群系

生态幅度比较宽的群系中，根据优势层片及其反映的生境条件的差异而划分的亚级分类单位。如羊草草原，可以分出羊草+中生杂类草、羊草+从生禾草、羊草+盐中生杂类草等亚群系。

13.13 什么是群系组

在植被型或植被亚型范围内，根据建群种亲缘关系近似（同属或相近属）、生活型近似或生境相近而划分植被分类单位。如典型常绿阔叶林（植被亚型）可以分为栲类林、青冈林、石栎林、润楠林等群系组。

13.14 什么是群从

层片结构相同，各层片的优势种或共优种（标志种）相同的植物群落的联合体，是植被分类的基本单位。例如披针叶薹草—绒毛绣线菊—蒙古栎林。

13.15 什么是群丛组

凡是层片结构相似，而且优势层片与次优势层片的优势种或共优种、标志种相同的植物群落联合体，是群系以下的一个辅助分类单位。如兴安落叶松林群系中，杜鹃—兴安落叶松林就是一个群丛组。

13.16 什么是亚群丛

反映群丛内由于生态条件的差异，或发育年龄上的差异产生的区系成分、层片配置、动态变化等方面若干细微变化的群丛以下的低（亚）级单位。

第14章 珍稀濒危物种相关知识

14.1 什么是保护物种

依法受到保护，禁止任意捕杀或采集的野生物种。它们往往是数量稀少的濒危物种、生物进化过程中的残遗种、有重要科研价值或经济价值的物种。

14.2 什么是国家重点保护物种

由国家正式发布，依法重点保护的物种。包括数量极少、分布范围较窄的物种，具有重要经济、科研、文化价值的受威胁种，重要家禽、家畜和作物的野生种、近缘种，或有重要经济价值但因过度利用使数量急剧减少的物种。

14.3 什么是国家一级重点保护植物

我国特有并具有极为重要的科研、经济或文化价值的珍稀濒危植物种类。国家一级保护植物（包括根、茎、叶、花、果实、种子）严禁采摘和砍伐，如因科学研究、人工培育、文化交流等特殊需要，采集国家一级保护野生植物的，必须经采集地的省（自治区、直辖市）人民政府野生植物行政主管部门签署意见后，向国务院野生植物行政主管部门或者其授权的机构申请采集证。

14.4　什么是国家二级重点保护植物

具有重要的科研、经济或文化价值的珍稀濒危植物种类。国家二级保护植物禁止采摘和砍伐，特殊需要时须经采集地的县级人民政府野生植物行政主管部门签署意见后，向省（自治区、直辖市）人民政府野生植物行政主管部门或者其授权的机构申请采集证。

14.5　什么是国家一级重点保护动物

我国特有、稀有或濒于灭绝的野生动物。该类物种受到严格保护，因科学研究、驯养繁殖、展览或者其他特殊原因，需要捕捉、捕捞国家一级重点保护野生动物的，必须经省级野生动物主管部门同意，并向国务院野生动物行政主管部门申请特许猎捕证。

14.6　什么是国家二级重点保护动物

数量稀少或分布地域狭窄，若不采取保护措施将有灭绝危险的野生动物。因特殊情况需要捕猎国家二级重点保护野生动物的，必须经县级以上野生动物主管部门同意，并向所在省、自治区、直辖市人民政府野生动物行政主管部门申请特许猎捕证。

14.7　什么是省级重点保护物种

省级政府正式公布、要求重点保护的物种，主要是各省（自治区、直辖市）发布的重点保护动物名录和重点保护植物名录中收录的物种。包括省域范围内数量稀少、分布范围狭窄的物种，具有重要经济、科研、文化价值的受威胁种，重要作物的野生种群和有遗传价值的近缘种，或有重要经济价值但因过度利用导致数量急剧减少的物种。

14.8　世界自然保护联盟（IUCN）濒危物种红色名录是什么

世界自然保护联盟（IUCN）濒危物种红色名录被认定为对生物多样性状况最具权威的指标。于 1963 年开始编制，是全球动植物物种保护现状最全面的名录，也被认为是生物多样性状况最具权威的指标。物种保护级别被分为 9 类，根据数目下降速度、物种总数、地理分布、群族分散程度等准则分类。级别是：绝灭（EX）— 野外绝灭（EW）—极危（CR）—濒危（EN）—易危（VU）—近危（NT）—无危（LC）—数据缺乏（DD）—未评估（NE）。

14.9 《中国物种红色名录》是什么

根据世界自然保护联盟（IUCN）制定的濒危物种红色名录等级标准，对我国物种现状进行客观的科学评估，提出了现阶段我国濒危物种的濒危状况等级，具体等级为：绝灭－野外绝灭－地区绝灭－极危－濒危－易危－近危－无危。《中国物种红色名录》展示了对所有哺乳类、鸟类、两栖爬行类和部分鱼类等脊椎动物，以及部分昆虫、软体动物等无脊椎动物和维管束植物等评估结果，共评估了动物界和植物界近 10 211 种生物物种。

《中国物种红色名录》的研究和编制对了解我国生物多样性的状况十分重要，也为制定保护生物多样性政策和行动提供了科学依据。

14.10 什么是“三有”动物

有益的和有重要经济、科学研究价值的陆生野生动物。

第15章 生物多样性相关知识

15.1 什么是生物多样性

生物多样性指各种生命资源。它包括数百万种的植物、动物、微生物（物种多样性），各物种所拥有的基因（遗传多样性）和各种生物与环境相互作用所形成的生态系统以及它们的生态过程（生态系统多样性）。简单地说，生物多样性是生物和它们组成的系统的总体多样性和变异性。生物多样性包括 3 个层次：基因多样性（遗传多样性）、物种多样性和生态系统多样性。

（1）遗传多样性。指地球上所有生物所携带的遗传基因的总和。

（2）物种多样性。指地球表面动物、植物、微生物的物种数量，据科学家估计全世界约有 500 万～3000 万种生物。

（3）生态系统多样性。指生物圈内生境、生物群落和生态过程的多样化以及生态系统内生境差异、生态变化的多样性。

简单地说，生物多样性是生物和它们组成的系统的总体多样性和变异性。

15.2 中国的生物多样性概况如何

中国国土辽阔，海域宽广，自然条件复杂多样，加之有较古老的地质历史（早在中生代末，大部分地区已抬升为陆地），孕育了极其丰富的植物、动物和微生物物种，极其复杂多彩的生态组合，是全球巨大生物多样性国家之一。

《中国生物多样性保护战略与行动计划》（2011—2030年）表明，我国是世界上生物多样性最为丰富的 12 个国家之一，拥有森林、灌丛、草甸、草原、荒漠、湿地等地球陆地生态系统，以及黄海、东海、南海、黑潮流域大海洋生态系；拥有高等植物 34 984 种，居世界第三位；脊椎动物 6445 种，占世界总种数的 13.7%；已查明真菌种类 10 000 多种，占世界总种数的 14%。

我国生物遗传资源丰富，是水稻、大豆等重要农作物的起源地，也是野生和栽培果树的主要起源中心。据不完全统计，我国有栽培作物 1339 种，其野生近缘种达 1930 个，果树种类居世界第一。我国是世界上家养动物品种最丰富的国家之一，有家养动物品种 576 个。

15.3　《生物多样性公约》是如何产生的

《生物多样性公约》(*Convention on Biological Diversity*)是一项保护地球生物资源的国际性公约，于 1992 年 6 月 1 日由联合国环境规划署发起的政府间谈判委员会第七次会议在肯尼亚内罗毕通过。1992 年 6 月 5 日，在巴西里约热内卢召开了由各国首脑参加的最大规模的联合国环境与发展大会，《生物多样性公约》就是在此次“地球峰会”上产生的，包括中国在内的 150 多个国家在里约大会上签署了该文件，此后共 175 个国家批准了该协议。公约于 1993 年 12 月 29 日正式生效。常设秘书处设在加拿大蒙特利尔。联合国《生物多样性公约》缔约国大会是全球履行该公约的最高决策机构，一切有关履行《生物多样性公约》的重大决定都要经过缔约国大会的通过。

15.4　《生物多样性公约》的目标是什么

《生物多样性公约》有 3 个主要目标：保护生物多样性；生物多样性组成成分的可持续利用；以公平合理的方式共享遗传资源的商业利益和其他形式的利用。

15.5　什么是生物多样性保护区域

将资源保护与持续利用密切结合，并使生物多样性保护与经济建设同步发展而设计的生物多样性保护与管理的区域，一般包含自然保护区与周边地区。

15.6　什么是生物多样性关键（热点）地区

天然植被较完整、生物区系较复杂、特有种较多、濒危物种较集中或遗传资源较丰富的地区。

15.7　生物多样性的价值有哪些

生物多样性对人类生存和发展的价值是巨大的。它提供人类所有的食物和诸如木材、纤维、油料、橡胶等重要的工业产品。中药药材绝大部分来自生物。人类生存与发展，归根结底，依赖于自然界各种各样的生物。生物多样性是人类赖以生存的各种生命资源的汇集和未来农林业、医药业发展的基础，为人类提供了食物、能源、材料等基本需求。

生物多样性的生态功能价值也是巨大的，它在自然界中维系能量流动、净化环境、改良土壤、涵养水源及调节小气候等多方面发挥着重要的作用。丰富多彩的生物与它们的物理环境共同构成了人类所赖以生存的生物支撑系统，为全人类带来了难以估价的利益。生物多样性的存在，使得人类有可能多方面、多层次地持续利用，为人类的生存环境提供保障。丧失生物多样性必然引起人类生存与发展的根本危机。

人类文化的多样性很大程度上起源于生物及其环境的多样性。千姿百态的生物给人带来美的享受，是艺术创造和科学发明的源泉。

15.8　什么是生物多样性经济价值

生物多样性及其相关的各种生态过程所提供的经济价值，包括使用价值和非使用价值。其中使用价值包括直接使用价值和间接使用价值；非使用价值包括选择价值和存在价值。

第16章 自然保护地相关知识

16.1 什么是自然保护地

世界自然保护联盟（IUCN）关于自然保护地的定义是："自然保护地是指明确划定的地理空间，通过法律或其他有效方式获得认可、承诺和管理，实现对自然及其所拥有的生态系统服务和文化价值的长期保护。"

16.2 自然保护地分为哪几个类型

世界自然保护联盟（IUCN）将自然保护地划分为六大类。

（1）第Ⅰa类——严格的自然保护地，是指严格保护的原始自然区域。首要目标是保护具有区域、国家或全球重要意义的生态系统、物种（一个或多个物种）和（或）地质多样性。处于最原始自然状态、拥有基本完整的本地物种组成和具有生态意义的种群密度，具有原始的极少受到人为干扰的完整生态系统和原始的生态过程，区域内通常没有人类定居。需要采取最严格的保护措施禁止人类活动和资源利用，以确保其保护价值不受影响。在科学研究和监测中发挥不可替代的本底参照价值。

（2）第Ⅰb类——荒野保护地，是指严格保护的大部分保留原貌，或仅有些微小变动的自然区域。首要目标是保护其长期的生态完整性。特征是面积很大、没有现代化基础设施、开发和工业开采等活动，保持高度的完整性，包括保留生态系统的大部分原始状态、完整或几乎完整的自然植物和动物群落、保存了其自然特征，未受人类活动的明显影响，有些只有原住民和本地社区居民在区内定居。需要严格保护和管理，保护大面积未受人为影响区域的自然原貌，维持生态过程不受开发或者大众旅游的影响。

（3）第Ⅱ类——国家公园，是指保护大面积的自然或接近自然的生态系统。首要目标是保护大尺度的生态过程，以及相关的物种和生态系统特性。典型特征是面积很大并且保护功能良好的自然生态系统，具有独特的、拥有国家象征意义和民族自豪感的生物和环境特征，或者自然美景和文化特征。始终把自然保护放在首位，在严格保护的前提下有限制地利用，允许在限定的区域内开展科学研究、环境教育和旅游参观。保护在较小面积的自然保护地或文化景观内无法实现的大尺度生态过程，以及需要较大活动范围的特定物种或群落。同时，这些自然保护地具有很强的公益性，为公众提供了环境和文化兼容的精神享受、科研、教育、娱乐和参观的机会。

（4）第Ⅲ类——自然文化遗迹或地貌，是指保护特别的自然文化遗迹的区域，可能是地形地貌、海山、海底洞穴，也可能是洞穴甚至是依然存活的古老小树林等地质形态。这些区域一般面积较小，但通常具有较高的观赏价值。首要目标是保护独特的自然特征和相关的生物多样性及栖息地。主要关注点是一个或多个独特的自然特征以及相关的生态，而不是更广泛的生态系统。在严格保护这些自然文化遗迹的前提下可以开展科研、教育和旅游参观。其作用是通过保护这些自然文化遗迹，实现在已经开发或破碎的景观中自然栖息地的保护和开展环境文化教育。

（5）第Ⅳ类——栖息地/物种管理区，是指保护特殊物种或栖息地的区域。首要目标是维持、保护和恢复物种种群和栖息地。主要特征是保护或恢复全球、国家或当地重要的动植物种类及其栖息地。其自然程度较上述几种类型相对较低。此类自然保护地大小各异，但通常面积都比较小。主要作用是保护需要进行特别管理干预才能生存的濒危物种种群，保护稀有或受威胁的栖息地和碎片化的栖息地，保护物种停歇地和繁殖地、自然保护地之间的走廊带以及维护原有栖息地已经消失或者改变、只能依赖文化景观生存的物种。多数情况下需要经常性的、积极的干预，以满足特定物种的需要或维持栖息地。

（6）第Ⅴ类——陆地景观/海洋景观自然保护地，是指人类和自然长期相处所产生的特点鲜明的区域，具有重要的生态、生物、文化和风景价值。首要目标是保护和维持重要的陆地和海洋景观及其相关的自然保护价值，以及由传统管理方式通过与人互动而产生的其他价值。这是所有自然保护地类型中自然程度最低的一种类型。其特征是人和自然长期和谐相处，形成的具有高保护价值的和独特的陆地和海洋景观价值和文化特征，具有独特或传统的土地利用模式，如可持续农业、可持续林业和人类居住景观长期和谐共存保持生态平衡的模式。这些自然景观和文化价值需要持续的人为干预活动才能维持。其作用是作为一个或多个自然保护地的缓冲地带和连通地带，保护受人类开发利用影响而发生变化的物种或栖息地，并且其生存必须依赖这样的人类活动。

（7）第Ⅵ类——自然资源可持续利用自然保护地，是指为了保护生态系统和栖息地、文化价值和传统自然资源管理制度的区域。首要目标是保护自然生态系统，实现自然资源的非工业化可持续利用，实现自然保护和自然资源可持续利用双赢。其特征是把自然资源的可持续利用作为实现自然保护目标的手段，并且与其他类型自然保护地通用的保护方法相结合。这些自然保护地通常面积相对较大，大部分区域（2/3 以上）处于自然状态，其中一小部分处于可持续自然资源管理利用之中。景观保护方法特别适合这类自然保护地，特别适用于面积较大的自然区域，如温带森林、沙漠或其他干旱地区、复杂的湿地生态系统、沿海、公海区域以及北方针叶林等，将不同的自然保护地、走廊带和生态网络相互连接。

16.3 我国自然保护地的建设现状如何

据统计，我国已建立了超过十类自然保护地，主要包括：自然保护区、风景名胜区、森林公园、地质公园、湿地公园、海洋特别保护区（含海洋公园）、种质资源保护区、国家公园（试点）等。截至 2017 年，各类自然保护地总数 10 000 多处，其中国家级 3 766 处。各类陆域自然保护地总面积约占陆地国土面积 18%，已超过世界平均水平 14%。其中自然保护区面积约占陆地国土面积的 14.8%，占所有自然保护地总面积 80%以上，风景名胜区和森林公园约占 3.8%，其他类型的自然保护地面积所占比例则相对较小。

16.4 自然保护地最佳管理绿色名录是什么

世界自然保护联盟（IUCN）提出自然保护地最佳管理绿色名录，旨在促进生物多样性和生态系统保护，是全球首个判定自然保护地管理有效性的国际标准，入选首批绿色名录的有澳大利亚、韩国、肯尼亚、哥伦比亚等 8 个国家。中国有 6 个自然保护地入选该绿色名录，分别是四川唐家河国家级自然保护区、吉林龙湾群国家森林公园、陕西长青国家级自然保护区、黑龙江五大连池国家级风景名胜区、安徽黄山国家级风景名胜区和湖南东洞庭湖国家级自然保护区。

16.5　什么是世界遗产

世界遗产是指被联合国教科文组织和世界遗产委员会确认的人类罕见的、目前无法替代的财富，是全人类公认的具有突出意义和普遍价值的文物古迹及自然景观。

中国于 1985 年 12 月 12 日加入《保护世界文化和自然遗产公约》。1999 年 10 月 29 日，中国当选为世界遗产委员会成员。中国于 1986 年开始向联合国教科文组织申报世界遗产项目。

16.6　什么是世界文化遗产和世界自然遗产

世界文化遗产和自然遗产是人类祖先和大自然的杰作，有效保护世界文化遗产和自然遗产，就是保护人类文明和人类赖以生存的环境。1972 年 11 月 16 日，联合国教科文组织大会第 17 届会议通过的《保护世界文化和自然遗产公约》，对文化遗产和自然遗产分别规定了定义。

（1）文化遗产。①文物，从历史、艺术或科学角度看，具有突出、普遍价值的建筑物、雕刻和绘画，具有考古意义的成分或结构，铭文、洞穴、住区及各类文物的综合体；②建筑群，从历史、艺术或科学角度看，因其建筑的形式、同一性及其在景观中的地位，具有突出、普遍价值的单独或相互联系的建筑群；③遗址，从历史、美学、人种学或人类学角度看，具有突出、普遍价值的人造工程或人与自然的共同杰作以及考古遗址地带。

（2）自然遗产。①从美学或科学角度看，具有突出、普遍价值的由地质和生物结构或这类结构群组成的自然面貌；②从科学或保护角度看，具有突出、普遍价值的地质和自然地理结构以及明确划定的濒危动植物物种生态区；③从科学、保护或自然美角度看，有突出、普遍价值的天然名胜或明确划定的自然地带。

（3）文化景观。①由人类有意设计和建筑的景观，包括出于美学原因建造的园林和公园景观，它们经常（但并不总是）与宗教或其他纪念性建筑物或建筑群有联系；②有机进化的景观，它产生于最初始的一种社会、经济、行政以及宗教需要，并通过与周围自然环境的相联系或相适应而发展到目前的形式；③关联性文化景观，这类景观列入世界遗产名录，以与自然因素或强烈的宗教、艺术或文化相联系为特征，而不是以文化物证为特征。

16.7　中国共有多少处世界遗产

截至2017年底，我国共有52处世界遗产，遗产数量位列全球第二。其中，文化遗产36项（包含5项文化景观）、自然遗产12项、文化自然双重遗产4项。

16.8　我国世界遗产的地域分布

我国 34 个省级行政区划当中已经有 27 个拥有了世界遗产，其中拥有数量最多的 5 个省级行政区（北京、四川、河南、云南、湖北）就拥有了 25 个世界遗产，占总数的 48%，资源集中度较高。

16.9　什么是世界文化和自然遗产地

指符合《保护世界文化和自然遗产公约》规定，同时被列入世界自然遗产名录和世界文化遗产名录的区域。世界文化遗产是指被列入世界文化遗产名录，具有重要历史、艺术、科学或美学价值的文物、建筑或遗址等。

16.10　什么是国家公园

为保护具有国家或国际重要意义的自然区域而划定的陆地或海域。其管理目标是在保护自然生态系统、物种及其生境或自然遗迹的同时为人类提供娱乐和游憩的场所。

16.11　世界上第一个国家公园是什么

世界上第一个国家公园是美国的黄石国家公园，简称黄石公园，同时它也是美国第一个国家公园和原始公园，建于 1872 年。黄石公园位于美国中西部怀俄明州的西北角，并向西北方向延伸到爱达荷州和蒙大拿州。公园占地面积约为8983 平方千米，其中包括湖泊、峡谷、河流和山脉。公园以其丰富的野生动物种类和地热资源闻名，公园中有着多种类型的生态系统，其中以亚高山带森林为主。这片地区原本是印第安人的圣地，但因美国探险家路易斯与克拉克的发掘，而成为世界上最早的国家公园。它在 1978 年被列为世界自然遗产。

公园内有记录的哺乳动物、鸟类、鱼类和爬行动物达数百种之多，其中包括多种濒危或受威胁物种，广袤的森林和草原中同样存有多种独特的植物。黄石公园是美国本土最大和最著名的巨型动物居住地。公园中有灰熊、狼、美洲野牛和加拿大马鹿等。

黄石公园野牛群是美国最古老也最大的野牛群。公园内每年都会发生山火，其中最大的一次是 1988 年黄石公园大火，公园内近 1/3 的面积被烧毁。黄石公园也是休闲娱乐的好去处，园内可进行远足、露营、划船、钓鱼和观光等活动。沿着园内铺设的道路可以就近接触到主要的地热区域以及一些湖泊和瀑布。冬天游客们则往往会在导游指引下乘坐雪上摩托车等冰上交通工具来造访公园。

16.12 目前我国设立的国家公园试点有哪几个

我国已设立 10 个国家公园体制试点，分别是三江源、东北虎豹、大熊猫、祁连山、湖北神农架、福建武夷山、浙江钱江源、湖南南山、北京长城和云南普达措国家公园体制试点。

16.13　什么是风景名胜区

具有丰富的自然资源和突出的观赏、文化或科学价值，自然景物和人文景物相对集中，环境优美，具有一定规模和保护价值，受有关部门保护并可供人们游览、休息或进行科学研究、文化、教育活动的地区。其建立需要经过国务院建设行政主管部门的批准。

16.14　我国的风景名胜区包括哪些类型

我国是世界上风景名胜资源类型最丰富的国家之一，包括历史圣地类、山岳类、岩洞类、江河类、湖泊类、海滨海岛类、特殊地貌类、城市风景类、生物景观类、壁画石窟类、纪念地类、陵寝类、民俗风情类及其他类 14 个类型，基本涵盖了华夏大地典型独特的自然景观，彰显了中华民族悠久厚重的历史文化。

16.15　我国风景名胜区建设现状如何

我国风景名胜区分为国家级和省级两个层级。截至 2017 年，国务院先后批准设立国家级风景名胜区 9 批共 244 处，面积约 10 万平方公里；各省级人民政府批准设立省级风景名胜区 700 多处，面积约 9 万平方公里，两者总面积约 19 万平方公里。其中，有 32 处国家级风景名胜区和 8 处省级风景名胜区，已被列为世界遗产地。这些风景名胜区基本覆盖了我国各类地理区域，遍及除香港、澳门、台湾和上海之外的所有省份，占我国陆地总面积的比例由 1982 年的 0.2% 提高到目前的 2.02%。

16.16　什么是森林公园

森林公园是以大面积森林为基础，生物资源丰富，自然景观、人文景观相对集中的具有一定规模的生态郊野公园。它是以保护为前提，利用森林的多种功能为人们提供各种形式的旅游服务并可进行科学文化活动的经营管理区域。

16.17　我国森林公园划分为哪些级别

森林公园分为国家级、省级和市、县级三级，分别由国家林业部门和相应的省级或者市、县级林业主管部门审批。

16.18　我国第一处森林公园是哪个

1982 年 9 月，我国正式批建第一处森林公园——湖南张家界国家森林公园。

16.19 我国共建立了多少处森林公园

截至 2017 年，我国共建立各级森林公园 3234 处，规划总面积 1 801.71 万公顷，分布遍及除港澳台的 31 个省、自治区、直辖市。其中，共建立 827 处国家级森林公园，1402 处省级森林公园和 1005 处县（市）级森林公园。

16.20 什么是海岸带

海洋与陆地相互作用的地带，即海洋向陆地的过渡地带。一般由三部分组成：①平均高潮线及其以上的沿岸陆地部分，即海岸；②介于平均高潮线与平均低潮线之间的潮间带；③平均低潮线以下的浅水部分，即水下岸坡。

16.21 什么是海洋特别保护区

对具有特殊地理条件、生态系统、生物与非生物资源及海洋开发利用特殊需要的区域，而采取有效的保护措施和科学的开发方式进行特殊管理的海洋区域。

16.22 我国已建的国家级海洋特别保护区有多少

自 2005 年中国建立第一个国家级海洋特别保护区以来，海洋特别保护区经历了跨越式发展。目前已初步形成了包含特殊地理条件保护区、海洋生态保护区、海洋资源保护区和海洋公园等多种类型的海洋特别保护区网络体系。至 2017 年，中国已有国家级海洋特别保护区 56 处，总面积达 6.9 万平方公里，其中包括海洋公园 30 处。

16.23　什么是海洋公园

指为保护海洋生态与历史文化价值，发挥其生态旅游功能，在特殊海洋生态景观、历史文化遗迹、独特地质地貌景观及其周边海域划定的海洋特别保护区。海洋公园是海洋特别保护区的一种类型。

16.24　什么是湿地

指天然或人工的、长久或暂时的沼泽地、泥炭地或水域地带，包括低潮时水深不超过 6 米的海域。可分为近海与海岸湿地、河流湿地、湖泊湿地、沼泽湿地和人工湿地 5 大类。

16.25　什么是国际重要湿地

由中国政府指定，经湿地公约秘书处确认，被列入《国际重要湿地名录》的湿地。一般区域内包含典型、稀有或唯一的湿地类型，或者在物种多样性保护方面具有国际重要性，是重要的鸟类或鱼类等野生生物物种的重要生存空间的湿地。

16.26　什么是湿地公园

拥有一定规模和范围，以湿地景观为主体，以湿地生态系统保护为核心，兼顾湿地生态系统服务功能展示、科普宣教和湿地合理利用示范，蕴涵一定文化或美学价值，可供人们进行科学研究和生态旅游，予以特殊保护和管理的湿地区域。

16.27　目前我国共有多少处湿地公园

自 2005 年西溪湿地公园正式成为国家林业局国家湿地公园试点建设以来，截至 2017 年，我国自然湿地保护面积达 2185 万公顷，全国共批准国家湿地公园试点 706 处，其中通过验收并正式授予国家湿地公园正式称号的达 98 处，指定国际重要湿地 49 处。

16.28　什么是自然遗迹

地球进化史中主要阶段的典型代表，地质年代过程中各阶段生物演化和人及其自然环境相互关系的典型代表，以及具有重要意义的特殊自然体的总称。

16.29　什么是古生物遗迹

在不同地质历史时期形成的古生物化石，包括保存在地层中的生物遗体或其活动痕迹。如古人类化石、古脊椎动物化石、古植物化石、古微生物化石以及反映古人类和古生物活动的遗迹化石等。

16.30　什么是地质公园

由具有特殊科学意义、稀有性和美学等价值的地质遗址组成的区域，这些区域还具有考古、历史、文化和保护等价值，可供人们游览、休息或进行科学研究、文化、教育活动。

16.31　地质公园可分为哪几类

地质公园分为世界地质公园（联合国教科文组织批准）、国家地质公园（自然资源部批准）、省级地质公园和县市级地质公园（省市级自然资源部门批准）。

16.32　我国共有多少处地质公园

截至 2017 年，我国已建立 239 处国家地质公园（含授予资格），建立省级地质公园 100 余处，其中 35 处已被联合国教科文组织收录为世界地质公园。

16.33　什么是水产种质资源保护区

指为保护水产种质资源及其生存环境，在具有较高经济价值和遗传育种价值的水产种质资源的主要生长繁育区域，依法划定并予以特殊保护和管理的水域、滩涂及其毗邻的岛礁、陆域。

16.34　什么是农用种质资源原位保护点

为了在原生境下就地保存和保护如野生稻、野生柑橘等重要农用种质资源而人为依法划定进行保护管理的区域。也叫原生境保护点。

16.35　什么是自然保护小区

是指在自然保护区、森林公园、湿地公园、风景名胜区等保护地的主要保护区域外划定的，由县级人民政府或行业行政主管部门批准的，或者由于历史文化或传统因素等自发形成的小型保护实体，一般不进行功能分区。

16.36　什么是自然保护点

为保护零星分布的国家或地方重点保护的野生动植物物种、小片的稀有植物群落，由各级政府或地方社区设定的保护地段。

附表　全国自然保护区统计表（截至 2017 年底）

省份	数量/个					面积/公顷					占陆地面积/%
	国家级	省级	市级	县级	合计	国家级	省级	市级	县级	合计	
北京	2	12	0	6	20	27 956	71 413	0	35 413	134 782	8.21
天津	3	5	0	0	8	37 862	52 748	0	0	90 610	7.60
河北	13	26	2	4	45	261 128	414 617	8 806	24 476	709 027	3.67
山西	7	39	0	0	46	117 468	984 983	0	0	1 102 451	7.04
内蒙古	29	60	23	70	182	4 261 852	6 113 178	244 633	2 083 040	12 702 703	10.74
辽宁	18	30	34	23	105	878 573	882 434	761 445	150 946	2 673 398	13.37
吉林	21	22	4	4	51	1 123 313	1 381 965	8 782	11 964	2 526 024	13.48
黑龙江	46	78	54	72	250	3 579 843	2 259 504	1 445 316	631 041	7 915 704	16.74
上海	2	2	0	0	4	66 175	70 644	0	0	136 819	5.30
江苏	3	11	9	8	31	299 292	94 140	76 305	66 087	535 824	3.80
浙江	11	13	0	13	37	147 785	29 486	0	34 911	212 182	1.68

续表

省份	数量/个					面积/公顷					占陆地面积/%
	国家级	省级	市级	县级	合计	国家级	省级	市级	县级	合计	
安徽	8	30	2	66	106	147 125	261 353	16 054	81 259	505 791	3.63
福建	17	22	9	44	92	250 256	85 188	37 999	71 678	445 121	3.16
江西	16	39	2	143	200	254 680	393 169	24 160	551 778	1 223 787	7.33
山东	7	38	21	22	88	219 828	550 430	248 025	118 210	1 136 493	4.91
河南	13	18	0	2	33	447 528	329 521	0	1 400	778 449	4.66
湖北	22	25	23	10	80	497 363	299 776	134 820	130 544	1 062 503	5.72
湖南	23	28	1	76	128	635 144	292 557	464	296 874	1 225 039	5.78
广东	15	63	116	190	384	326 093	528 449	393 597	601 555	1 849 694	7.14
广西	23	46	3	6	78	390 496	814 767	67 953	77 156	1 350 372	5.51
海南	10	22	6	11	49	158 176	2 534 157	2 848	11 393	2 706 574	6.92
重庆	6	18	0	33	57	254 938	233 743	0	313 333	793 428	9.73
四川	31	64	28	46	169	2 952 566	2 769 342	815 036	1 764 379	8 313 074	17.08

续表

省份	数量/个					面积/公顷					占陆地面积/%
	国家级	省级	市级	县级	合计	国家级	省级	市级	县级	合计	
贵州	9	6	16	93	124	258 739	91 696	215 546	328 123	891 075	5.08
云南	20	38	56	46	160	1 503 374	677 815	451 793	248 981	2 881 827	7.31
西藏	11	12	3	21	47	37 342 307	4 022 446	4 870	1 461	41 371 084	33.68
陕西	25	28	4	3	60	621 866	449 511	36 940	23 081	1 131 398	5.50
甘肃	21	35	0	4	60	6 932 019	1 824 580	0	114 900	8 871 499	20.83
青海	7	4	0	0	11	20 733 751	1 039 417	0	0	21 773 168	30.14
宁夏	9	5	0	0	14	459 550	73 500	0	0	533 050	8.03
新疆	15	16	0	0	31	12 264 533	7 319 788	0	0	19 584 321	11.80
合计	463	855	416	1 016	2 750	97 451 579	36 946 317	4 995 392	7 773 983	147 167 271	14.86

注：（1）本统计不含香港、澳门特别行政区和台湾地区

（2）自然保护区总面积中陆域面积约 14270 万公顷，海域面积约 447 万公顷

（3）占陆地面积的比例指该辖区内自然保护区陆地面积占该辖区陆地面积的比例

（4）长江上游珍稀、特有鱼类国家级自然保护区地跨四川、重庆、贵州、云南 4 省市，数量计入四川，面积分别计入各省

（5）往年统计各省面积数据来源于各省早期的统计数据，2016 年起各省面积正式改用中华人民共和国中央人民政府网的数据。

附录 《中华人民共和国自然保护区条例》（2017年修订）

（1994年10月9日国务院令第167号发布，根据2011年1月8日国务院令第588号《国务院关于废止和修改部分行政法规的决定》、2017年10月7日国务院令第687号《国务院关于修改部分行政法规的决定》修订。）

目　　录

第一章　总则

第二章　自然保护区的建设

第三章　自然保护区的管理

第四章　法律责任

第五章　附则

第一章　总　　则

第一条　为了加强自然保护区的建设和管理，保护自然环境和自然资源，制定本条例。

第二条　本条例所称自然保护区，是指对有代表性的自然生态系统、珍稀濒危野生动植物物种的天然集中分布区、有特殊意义的自然遗迹等保护对象所在的陆地、陆地水体或者海域，依法划出一定面积予以特殊保护和管理的区域。

第三条　凡在中华人民共和国领域和中华人民共和国管辖的其他海域内建设和管理自然保护区，必须遵守本条例。

第四条 国家采取有利于发展自然保护区的经济、技术政策和措施，将自然保护区的发展规划纳入国民经济和社会发展计划。

第五条 建设和管理自然保护区，应当妥善处理与当地经济建设和居民生产、生活的关系。

第六条 自然保护区管理机构或者其行政主管部门可以接受国内外组织和个人的捐赠，用于自然保护区的建设和管理。

第七条 县级以上人民政府应当加强对自然保护区工作的领导。

一切单位和个人都有保护自然保护区内自然环境和自然资源的义务，并有权对破坏、侵占自然保护区的单位和个人进行检举、控告。

第八条 国家对自然保护区实行综合管理与分部门管理相结合的管理体制。

国务院环境保护行政主管部门负责全国自然保护区的综合管理。

国务院林业、农业、地质矿产、水利、海洋等有关行政主管部门在各自的职责范围内，主管有关的自然保护区。

县级以上地方人民政府负责自然保护区管理的部门的设置和职责，由省、自治区、直辖市人民政府根据当地具体情况确定。

第九条 对建设、管理自然保护区以及在有关的科学研究中做出显著成绩的单位和个人，由人民政府给予奖励。

第二章 自然保护区的建设

第十条 凡具有下列条件之一的，应当建立自然保护区：

（一）典型的自然地理区域、有代表性的自然生态系统区域以及已经遭受破坏但经保护能够恢复的同类自然生态系统区域；

（二）珍稀、濒危野生动植物物种的天然集中分布区域；

（三）具有特殊保护价值的海域、海岸、岛屿、湿地、内陆水域、森林、草原和荒漠；

（四）具有重大科学文化价值的地质构造、著名溶洞、化石分布区、冰川、火山、温泉等自然遗迹；

（五）经国务院或者省、自治区、直辖市人民政府批准，需要予以特殊保护的其他自然区域。

第十一条 自然保护区分为国家级自然保护区和地方级自然保护区。

在国内外有典型意义、在科学上有重大国际影响或者有特殊科学研究价值的自然保护区，列为国家级自然保护区。

除列为国家级自然保护区的外，其他具有典型意义或者重要科学研究价值的自然保护区列为地方级自然保护区。地方级自然保护区可以分级管理，具体办法由国务院有关自然保护区行政主管部门或者省、自治区、直辖市人民政府根据实际情况规定，报国务院环境保护行政主管部门备案。

第十二条 国家级自然保护区的建立，由自然保护区所在的省、自治区、直辖市人民政府或者国务院有关自然保护区行政主管部门提出申请，经国家级自然保护区评审委员会评审后，由国务院环境保护行政主管部门进行协调并提出审批建议，报国务院批准。

地方级自然保护区的建立，由自然保护区所在的县、自治县、市、自治州人民政府或者省、自治区、直辖市人民政府有关自然保护区行政主管部门提出申请，经地方级自然保护区评审委员会评审后，由省、自治区、直辖市人民政府环境保护行政主管部门进行协调并提出审批建议，报省、自治区、直辖市人民政府批准，并报国务院环境保护行政主管部门和国务院有关自然保护区行政主管部门备案。

跨两个以上行政区域的自然保护区的建立，由有关行政区域的人民政府协商一致后提出申请，并按照前两款规定的程序审批。

建立海上自然保护区，须经国务院批准。

第十三条 申请建立自然保护区，应当按照国家有关规定填报建立自然保护区申报书。

第十四条 自然保护区的范围和界线由批准建立自然保护区的人民政府确定，并标明区界，予以公告。

确定自然保护区的范围和界线，应当兼顾保护对象的完整性和适度性，以及当地经济建设和居民生产、生活的需要。

第十五条 自然保护区的撤销及其性质、范围、界线的调整或者改变，应当经原批准建立自然保护区的人民政府批准。

任何单位和个人，不得擅自移动自然保护区的界标。

第十六条 自然保护区按照下列方法命名：

国家级自然保护区：自然保护区所在地地名加“国家级自然保护区”。

地方级自然保护区：自然保护区所在地地名加“地方级自然保护区”。

有特殊保护对象的自然保护区，可以在自然保护区所在地地名后加特殊保护对象的名称。

第十七条 国务院环境保护行政主管部门应当会同国务院有关自然保护区行政主管部门，在对全国自然环境和自然资源状况进行调查和评价的基础上，拟订国家自然保护区发展规划，经国务院计划部门综合平衡后，报国务院批准实施。

自然保护区管理机构或者该自然保护区行政主管部门应当组织编制自然保护区的建设规划，按照规定的程序纳入国家的、地方的或者部门的投资计划，并组织实施。

第十八条 自然保护区可以分为核心区、缓冲区和实验区。

自然保护区内保存完好的天然状态的生态系统以及珍稀、濒危动植物的集中分布地，应当划为核心区，禁止任何单位和个人进入；除依照本条例第二十七条的规定经批准外，也不允许进入从事科学研究活动。

核心区外围可以划定一定面积的缓冲区，只准进入从事科学研究观测活动。

缓冲区外围划为实验区，可以进入从事科学试验、教学实习、参观考察、旅游以及驯化、繁殖珍稀、濒危野生动植物等活动。

原批准建立自然保护区的人民政府认为必要时，可以在自然保护区的外围划定一定面积的外围保护地带。

第三章　自然保护区的管理

第十九条　全国自然保护区管理的技术规范和标准，由国务院环境保护行政主管部门组织国务院有关自然保护区行政主管部门制定。

国务院有关自然保护区行政主管部门可以按照职责分工，制定有关类型自然保护区管理的技术规范，报国务院环境保护行政主管部门备案。

第二十条　县级以上人民政府环境保护行政主管部门有权对本行政区域内各类自然保护区的管理进行监督检查；县级以上人民政府有关自然保护区行政主管部门有权对其主管的自然保护区的管理进行监督检查。被检查的单位应当如实反映情况，提供必要的资料。检查者应当为被检查的单位保守技术秘密和业务秘密。

第二十一条　国家级自然保护区，由其所在地的省、自治区、直辖市人民政府有关自然保护区行政主管部门或者国务院有关自然保护区行政主管部门管理。地方级自然保护区，由其所在地的县级以上地方人民政府有关自然保护区行政主管部门管理。

有关自然保护区行政主管部门应当在自然保护区内设立专门的管理机构，配备专业技术人员，负责自然保护区的具体管理工作。

第二十二条 自然保护区管理机构的主要职责是：

（一）贯彻执行国家有关自然保护的法律、法规和方针、政策；

（二）制定自然保护区的各项管理制度，统一管理自然保护区；

（三）调查自然资源并建立档案，组织环境监测，保护自然保护区内的自然环境和自然资源；

（四）组织或者协助有关部门开展自然保护区的科学研究工作；

（五）进行自然保护的宣传教育；

（六）在不影响保护自然保护区的自然环境和自然资源的前提下，组织开展参观、旅游等活动。

第二十三条 管理自然保护区所需经费，由自然保护区所在地的县级以上地方人民政府安排。国家对国家级自然保护区的管理，给予适当的资金补助。

第二十四条 自然保护区所在地的公安机关，可以根据需要在自然保护区设置公安派出机构，维护自然保护区内的治安秩序。

第二十五条 在自然保护区内的单位、居民和经批准进入自然保护区的人员，必须遵守自然保护区的各项管理制度，接受自然保护区管理机构的管理。

第二十六条 禁止在自然保护区内进行砍伐、放牧、狩猎、捕捞、采药、开垦、烧荒、开矿、采石、挖沙等活动；但是，法律、行政法规另有规定的除外。

第二十七条 禁止任何人进入自然保护区的核心区。因科学研究的需要，必须进入核心区从事科学研究观测、调查活动的，应当事先向自然保护区管理机构提交申请和活动计划，并经自然保护区管理机构批准；其中，进入国家级自然保护区核心区的，应当经省、自治区、直辖市人民政府有关自然保护区行政主管部门批准。

自然保护区核心区内原有居民确有必要迁出的，由自然保护区所在地的地方人民政府予以妥善安置。

第二十八条 禁止在自然保护区的缓冲区开展旅游和生产经营活动。因教学科研的目的，需要进入自然保护区的缓冲区从事非破坏性的科学研究、教学实习和标本采集活动的，应当事先向自然保护区管理机构提交申请和活动计划，经自然保护区管理机构批准。

从事前款活动的单位和个人，应当将其活动成果的副本提交自然保护区管理机构。

第二十九条 在自然保护区的实验区内开展参观、旅游活动的，由自然保护区管理机构编制方案，方案应当符合自然保护区管理目标。

在自然保护区组织参观、旅游活动的，应当严格按照前款规定的方案进行，并加强管理；进入自然保护区参观、旅游的单位和个人，应当服从自然保护区管理机构的管理。

严禁开设与自然保护区保护方向不一致的参观、旅游项目。

第三十条 自然保护区的内部未分区的，依照本条例有关核心区和缓冲区的规定管理。

第三十一条 外国人进入自然保护区，应当事先向自然保护区管理机构提交活动计划，并经自然保护区管理机构批准；其中，进入国家级自然保护区的，应当经省、自治区、直辖市环境保护、海洋、渔业等有关自然保护区行政主管部门按照各自职责批准。

进入自然保护区的外国人，应当遵守有关自然保护区的法律、法规和规定，未经批准，不得在自然保护区内从事采集标本等活动。

第三十二条 在自然保护区的核心区和缓冲区内，不得建设任何生产设施。在自然保护区的实验区内，不得建设污染环境、破坏资源或者景观的生产设施；建设其他项目，其污染物排放不得超过国家和地方规定的污染物排放标准。在自然保护区的实验区内已经建成的设施，其污染物排放超过国家和地方规定的排放标准的，应当限期治理；造成损害的，必须采取补救措施。

在自然保护区的外围保护地带建设的项目，不得损害自然保护区内的环境质量；已造成损害的，应当限期治理。

限期治理决定由法律、法规规定的机关作出，被限期治理的企业事业单位必须按期完成治理任务。

第三十三条 因发生事故或者其他突然性事件，造成或者可能造成自然保护区污染或者破坏的单位和个人，必须立即采取措施处理，及时通报可能受到危害的单位和居民，并向自然保护区管理机构、当地环境保护行政主管部门和自然保护区行政主管部门报告，接受调查处理。

第四章 法律责任

第三十四条 违反本条例规定，有下列行为之一的单位和个人，由自然保护区管理机构责令其改正，并可以根据不同情节处以100元以上5000元以下的罚款：

（一）擅自移动或者破坏自然保护区界标的；

（二）未经批准进入自然保护区或者在自然保护区内不服从管理机构管理的；

（三）经批准在自然保护区的缓冲区内从事科学研究、教学实习和标本采集的单位和个人，不向自然保护区管理机构提交活动成果副本的。

第三十五条 违反本条例规定，在自然保护区进行砍伐、放牧、狩猎、捕捞、采药、开垦、烧荒、开矿、采石、挖沙等活动的单位和个人，除可以依照有关法律、行政法规规定给予处罚的以外，由县级以上人民政府有关自然保护区行政主管部门或者其授权的自然保护区管理机构没收违法所得，责令停止违法行为，限期恢复原状或者采取其他补救措施；对自然保护区造成破坏的，可以处以 300 元以上 10000 元以下的罚款。

第三十六条 自然保护区管理机构违反本条例规定，拒绝环境保护行政主管部门或者有关自然保护区行政主管部门监督检查，或者在被检查时弄虚作假的，由县级以上人民政府环境保护行政主管部门或者有关自然保护区行政主管部门给予 300 元以上 3000 元以下的罚款。

第三十七条 自然保护区管理机构违反本条例规定，有下列行为之一的，由县级以上人民政府有关自然保护区行政主管部门责令限期改正；对直接责任人员，由其所在单位或者上级机关给予行政处分：

（一）开展参观、旅游活动未编制方案或者编制的方案不符合自然保护区管理目标的；

（二）开设与自然保护区保护方向不一致的参观、旅游项目的；

（三）不按照编制的方案开展参观、旅游活动的；

（四）违法批准人员进入自然保护区的核心区，或者违法批准外国人进入自然保护区的；

（五）有其他滥用职权、玩忽职守、徇私舞弊行为的。

第三十八条 违反本条例规定，给自然保护区造成损失的，由县级以上人民政府有关自然保护区行政主管部门责令赔偿损失。

第三十九条 妨碍自然保护区管理人员执行公务的，由公安机关依照《中华人民共和国治安管理处罚法》的规定给予处罚；情节严重，构成犯罪的，依法追究刑事责任。

第四十条 违反本条例规定，造成自然保护区重大污染或者破坏事故，导致公私财产重大损失或者人身伤亡的严重后果，构成犯罪的，对直接负责的主管人员和其他直接责任人员依法追究刑事责任。

第四十一条 自然保护区管理人员滥用职权、玩忽职守、徇私舞弊，构成犯罪的，依法追究刑事责任；情节轻微，尚不构成犯罪的，由其所在单位或者上级机关给予行政处分。

第五章 附 则

第四十二条 国务院有关自然保护区行政主管部门可以根据本条例，制定有关类型自然保护区的管理办法。

第四十三条 各省、自治区、直辖市人民政府可以根据本条例，制定实施办法。

第四十四条 本条例自1994年12月1日起施行。